Practical Technology of

RURAL BIOGAS

农村沼气实用技术

徐延熙　袁长波　赵　敏　著

中国农业科学技术出版社

图书在版编目（CIP）数据

农村沼气实用技术 / 徐延熙，袁长波，赵敏著 .—北京：中国农业科学技术出版社，2016. 2
ISBN 978-7-5116-2243-3

Ⅰ . ①农…　Ⅱ . ①徐…　②袁…　Ⅲ . ① 农村 – 沼气利用　Ⅳ . ① S216.4

中国版本图书馆 CIP 数据核字（2015）第 202629 号

责任编辑　穆玉红　褚　怡
责任校对　贾海霞

出 版 者　中国农业科学技术出版社
　　　　　北京市中关村南大街 12 号　邮编：100081
电　　话　（010）82106626（编辑室）（010）82109704（发行部）
　　　　　（010）82109703（读者服务部）
传　　真　（010）82106626
网　　址　http://www.castp.cn
经 销 者　各地新华书店
印 刷 者　北京富泰印刷有限责任公司
开　　本　850mm × 1 168mm　1 /32
印　　张　8.125
字　　数　210 千字
版　　次　2016 年 2 月第 1 版　2016 年 2 月第 1 次印刷
定　　价　28. 00 元

《农村沼气实用技术》编委会

主　任：徐延熙　袁长波　赵　敏

副主任：郭守鹏　姚　利　宋海燕　吴修波

著　者：（按姓氏笔画排序）

马　村（济南市现代农业发展有限责任公司）

王艳芹（山东省农业科学院农业资源与环境研究所）

付龙云（山东省农业科学院农业资源与环境研究所）

刘红娟（济南市植物保护站）

宋海燕（山东省农业科学院植物保护研究所）

吴修波（山东省新泰市楼德镇农技推广站）

姚　利（山东省农业科学院农业资源与环境研究所）

赵　敏（山东农业工程学院食品科学与工程系）

郭守鹏（济南市农业科学研究院）

徐延熙（济南市农业环境保护站）

徐晓琳（济南市农业环境保护站）

袁长波（山东省农业科学院农业资源与环境研究所）

崔全友（济南市农业技术推广站）

前言

为了应对资源和环境对社会经济发展和现代化进程形成的瓶颈制约，党中央提出能源资源新战略，鼓励发展可再生能源，提倡废弃物的减量化、无害化、资源化和生态化，进而满足人们世代对能源的需求，促进生态环境保护和可持续发展。开发沼气，变畜禽粪便、秸秆、杂草等有机废弃物为清洁能源，符合这一要求。将农村沼气建设与农户住宅、厨房、厕所、畜禽舍、庭院环境卫生整治等结合起来，与规模化畜禽养殖场的粪污治理、能源供应、清洁生产等结合起来，可实现种植业和养殖业的有效联接，促进农业生产、农民生活和农村生态的良性循环，构建“臭气变沼气、污水变净水、垃圾变肥料、蚊声变鸟鸣、旧貌焕新颜”的农村新貌，最终达到“家居温暖清洁化、庭院经济高效化、农业生产无害化”的目标。当前，农村沼气建设已经成为我国农业可持续发展的重要组成部分，它是促进农村生态环境保护和农业面源污染防控的重要手段，也是社会主义新农村建设的切入点和突破口。发展农村沼气，有利于发展循环农业，保护和改善生态环境；有利于促进农业结构调整，增加农民收入；有利于整治农村环境卫生，推进村镇文明进步；具有显著的经济、社会和生态效益。

加强农村沼气技术推广，推进农村沼气建设，建立沼气发展的长效机制，离不开各级管理干部和基层沼气技术员以及广大农民群众的努力工作和积极参与，不断更新和提高相关人员的科技知识及业务水平是促进农村沼气事业健康发展的重要保障。为了适应实际工作的需要，进一步加强对基层的指导与服务，我们组织编写了《农村沼气实用技术》一书，旨在为从事农村沼气工作的各级管理干部、基层沼气技术员以及广大的农村沼气用户发展和利用沼气提供一些有益的参考和帮助，为推动我国农村沼气事业发展尽一份绵薄之力。全书共包括绪论，沼气发酵基础知识，农村沼气的设计施工，农村沼气的运行管理，沼气、沼液和沼渣的综合利用及参考资料等内容，系统地阐述了农村沼气建设的理论知识、建造工艺和各类实用技术，并对各地沼气建设的典型经验，部分重要的国家和行业标准，以及相关法律、法规等进行了介绍，希望能为广大读者提供一个学习交流和借鉴提高的机会。

本书在编写过程中，参考和借鉴了部分专家、学者的科技著作和相关文献，采纳和吸收了部分科研单位的试验数据，并广泛征求了行业专家、基层沼气工作者和技术人员的意见，在此衷心表示感谢。同时，我们结合具体的工作实践，在一些内容上进行了深入浅出的阐述和分析。编写过程中，虽然注意吸收了新的科研成果和劳动创造，但由于专业知识水平有限，加之时间紧张、工作量大，书中不当之处在所难免，敬请广大读者提出宝贵意见和建议，以便再版时修订。

著　者

2015 年 8 月

目　录

第一章 绪 论

第一节 概 述

在人类生存和进步的漫漫长河中,能源一直是工农业生产和人民生活水平提高的重要物质基础,是经济和社会赖以发展的重要条件。纵观经济社会前行的轨迹,工农业生产的发展速度,往往取决于能源的合理开发和利用程度。几百年前,人类利用的能源主要是生物质能等传统的可再生能源。工业革命后,煤炭、石油、天然气等化石能源快速发展,并逐渐成为生产生活的主要能源,对推动世界经济和人类社会进步发挥了巨大作用。目前,全球每年生产和消费的能源总量已达125亿t标准油,其中,90%左右是化石能源。但化石能源不可再生,其大规模的开发利用,一方面迅速消耗着地球亿万年积存下的宝贵资源,同时也带来了气候变化、生态破坏等严重的环境问题。当今世界,人口膨胀、环境污染和资源短缺三大问题,已严重威胁到人类的可持续发展。面对煤炭、石油、天然气等化石能源的日益减少与不可再生,以及长期开发利用所带来的生态问题,发展中的人类再次把能源的开发利用聚焦到可再生能源上来,以此应对日益严重的能源危机和环境问题。加强可再生能源的开发利用,是能源发展的基本取向,是坚持人与自然和谐共存,走可持续发展的必由之路,也是历史的必然选择。

伴随着科学技术的进步,迄今为止,人类社会经历了由薪柴到煤炭、由煤炭到石油和天然气的两次能源变革,并开始了由有限的化石燃料向无限的可再生能源及开发利用核能的第三次能源转变。在走可持续发展之路的人类文明新阶段,可再生能源的合理开发利用越来越得到重视和倡导,相关产业开发的规模也持续扩大,技术水平逐步提高,成为世界能源领域的一大亮点,呈现出良好的发展前景。

可再生能源是包括太阳能、生物能、风能和水能等在内的可永续利用的能源。在可再生能源中,生物能是自然界中各种植物通过光合作用,将太阳辐射能转换成化学能而固定下来的一种自然能源。无论是作物秸秆、树木茎叶、人畜粪便,还是工农业生产以及人类生活的有机废物,皆是直接或间接来源于植物的光合作用。在此意义上,生物能也是太阳能利用的范畴。

地球上生物量的潜力决定着开发利用生物能源的可靠程度。人类生活的地球,是一个庞大的生态系统,在这个系统中,生物能资源相当丰富。有关测算表明:目前,全世界陆地和海洋所有生态子系统中,每年有机物的干物质净产量为1 800亿t,其中,陆地上的产量为1 200亿t,占总产量的70%;地球上每年通过植物所固定的太阳能产生的有机物,相当于生产3×10^{21}J的能量;理想状态下,地球上的生物质潜力可达到现实能源消费的18~20倍。我国是一个幅员辽阔的国家,生物质的年生产量约为50亿t干物质(其中,农业生产量近8亿t),即相当于目前全国年总能耗量的1.4倍。面对大自然的回馈和生物质资源的如此丰富以及巨大的能源开发潜力,人类该如何合理有效地利用它,确实是一个值得高度关注的问题。

现今,全世界约有15亿人口用薪柴和作物秸秆作燃料,还有为数众多的人直接燃用牲畜粪便。这些传统的能源利用方式,不仅烧掉了大量可作饲料和肥料的自然资源,而且还浪费了大量劳动力,毁坏了大片林木和植被,同时,也造成了水土流失和生态破坏,直接影响到农、林、牧、副业的发展,加剧了环境恶化,毁坏了人类的生存环境。我国自古以来就是一个多灾国家,多种自然灾害频繁发生,原因是多方面的,但其中生态环境严重失衡是一个不可忽视的因素。历史上,为解决人口增长与耕地不足之间的矛盾,人们纷纷对地广人稀的地区进行拓荒开发,由于缺乏环境保护意识,在增加大量可耕地的同时,人们也残酷地对大自然进行了破坏性掠夺,许多地区"竭泽而渔"式的滥垦乱伐,使森林植被遭受大面积毁坏,对农业生态环境造成恶劣影响。"涝则汪洋一片,旱则赤地千里",现实中,农业受制于"老天爷"的状况尚未根本改变。全国耕地中有一半是旱地,丰欠全由"老天"当家;另一半有灌溉设施的耕地,抗旱标准也不高。20 世纪 90 年代以来,全国已发生多次较大规模的洪涝灾害,尤其是发生在 1998 年的特大洪水,造成的经济损失巨大,令人震惊。有资料显示,目前,我国的水土流失呈扩大趋势,沙漠化和荒漠化面积仍以较快的速度发展。西部地区 40% 以上土地已出现水土流失,黄土高原流失面积比例达到 70%,西南地区水土流失面积约占 1/3,全国已有 1/4 的国土出现荒漠化,致使沙尘暴的发生越来越频繁。

造成以上状况的原因是多方面的,其中有一个重要的因素,那就是老百姓每天开门的第一件"柴"事。从新中国成立初期至 20 世纪 70 年代,随着人口增加和经济发展,由于缺乏足够的常规能源,我国农村出现过严重的能源短缺。20 世纪 70 年代初,农村人均商品能源消费只有 122kg 标准煤,仅为全国平均水平的 19%。在农村总能耗 3.2 亿 t 标准煤中,70% 的能耗利用属低品位的生物质能,且 83% 用于生活。当时全国缺柴户占 70%,其中,47% 的农户每年缺烧 3 个月以上。由于 2/3 的秸秆被用作炊事燃料,还田量少,土壤有机质含量下降,土地瘠薄,牧畜饲料也随之紧张。当时全国薪柴年消费量达 1.8 亿 t,其中一半以上来自过量樵采。

新中国成立以后30年所营造的1亿公顷林木仅存0.3亿公顷(1公顷=10 000m^2,全书同),其中,滥樵林木作燃料是重要原因。长江、黄河流域上中游地区薪柴消费约占毁林的30%以上,这种掠夺性的取柴,必将导致大灾。掠柴与灾荒,二者既是因,又是果,形成了一种恶性循环。令人堪忧的是,时至今日,在我国农村生物质能的利用中,8亿多农民生活用能的70%仍然是通过直接燃烧薪柴、秸秆等获得的。这种能源利用方式的延续,一方面热能转换效率低(用柴灶的转换效率仅有10%左右,煤灶只有16%~18%),利用方式落后,难以满足农民对现代生活水平的需求;更重要的则是经济效益差,浪费严重,对人体健康不利,对生态环境破坏严重。对此,我们必须予以重视,并下大气力进行改善。

可喜的是,自1958年4月,毛泽东主席在武汉观看沼气利用情况,并提出要"好好地推广"之后,50多年以来,党中央、国务院和许多党和国家领导人都对全国的沼气建设给予了高度的关注和支持。在全国上下的共同努力下,作为农村能源开发与建设的重要组成部分,我国农村沼气建设取得了显著成效。特别是近20年来,随着农民对提高生活质量的热切需求和各地对发展生态农业的积极探索,全国的沼气建设开始走上健康、稳定的发展道路,其发展速度逐年加快(表1-1),建设内容不断丰富。至1997年年底,全国已建有农村户用沼气池638万个,大中型沼气工程600多处,年产沼气13亿m^3。2005年年底,全国沼气建设又上新台阶,农村户用沼气池拥有量达到1 807万个,沼气年利用量达到50亿m^3。2014年,全国户用沼气发展到4 200万个,沼气工程近10万处,全年处理粪污、秸秆、生活垃圾近20亿t,其中,粪污17亿t。

表1-1 全国农村户用沼气池数量

年 份	1990	1995	2000	2002	2005	2008	2012	2014
数量(万户)	467.7	569.6	848.1	1110	1807	3049	4083	4200

更令人欣慰的是，在推进沼气建设的进程中，宣传示范和综合利用的实践，极大地提高了人们对沼气的认识，合理开发和利用这一可再生能源的观念得到不断更新和深化。越来越多的人们逐渐意识到从生物能合理利用来讲，直接燃烧生物质，只能部分地利用它的热量，未充分利用它的肥料成分；把作物秸秆沤肥或直接还田，虽然利用它的肥料成分，却损失了可以利用的能量，两者都不是最有效、最合理的生物能源利用方式。如果先将生物质作为人类食物和牲畜饲料，而后将人畜排泄物和作物秸秆等一起投入沼气池发酵，不仅可以得到清洁优质燃料和有机肥料，还可进一步用于制取化工产品，这样就使生物资源得到多级利用，实现综合效益。因此，沼气利用是生物质能源最有效的转换利用方式之一，开展沼气能源建设前景广阔、大有可为。目前，农村沼气正以其自身优势和综合效益吸引着越来越多的农民群众参与到其建设和开发利用之中。

第二节 农村沼气建设的作用

我国是一个发展中国家，也是一个高能耗国家，同时又是一个化石能源短缺的国家。随着经济的快速发展和现代化进程的加快，能源的瓶颈制约越来越凸现。特别是我们这样一个有 8 亿多人在农村的农业大国，一定时期内要求国家大量增加农村能源供应既不现实也不可能，而农业现代化过程又是一个能源和资源消耗不断增长的过程，在此背景下，充分发挥农村自有能源中生物能源丰富的优势，无疑具有重大战略意义和作用。我国几十年来沼气建设的实践证明，农村发展沼气是缓解农村能源不足，促进农村经济发展和实现农业现代化，改善农业生态环境，增加农民收入的有效途径。据有关研究资料，如将全国农村现有人畜粪便和作物秸秆的一半用来制取沼气，每年可生产 700 亿 m^3 沼气，除满足 8 亿农民的生活用燃气外，还可剩余 60 亿 m^3 沼气可用于搞沼气动力或每年发电 90 亿度，同时可每年生产相当于 200 万 t 碳酸氢铵和 100 万 t 过磷酸钙肥效的优质肥料。另外，通过沼气建设的纽带作用，将畜禽粪污、农作物秸秆等各类农业有机废弃物进行消化处理，实现化害为利、变废为宝，生产的沼气是优质的清洁能源，沼渣沼液作为有机肥料和生物农药替代化肥和农药的使用，有效地促进了农业面源污染防控和生态循环农业发展。由此可见，作为农村新能源的沼气，如仅从它的成长初期和局部看，似乎能量有限，但从它的发展和积少成多来看，其作用巨大，加快沼气的开发利用势在必行。综合农村沼气建设的作用，主要表现在以下几个方面。

一、减少矿质能源消耗，改善农村能源结构

目前，我国农村民用燃料主要由作物秸秆、薪柴、煤炭、牲畜粪便和其他类（杂草、树叶等）组成，燃料结构见表 1–2。

表 1–2　农村民用燃料结构

种　类	秸　秆	薪　柴	煤　炭	牲畜粪便	其　他
百分比（%）	34.8	9.1	8.7	1.9	45.5

据有关部门估算，我国农村每年烧掉的生物质约为 5.4 亿 t，按热量计算，相当于全国能源总消耗量的 33.7%，在我国能源消费结构中居第二位。如果将作物秸秆通过沼气发酵，在用量上可比直接作燃料节省 1/2 或 1/3。当前，我国农村不少地方燃料紧张，工业原料、饲料和燃料互争秸草，如果全国严重缺柴的 0.7 亿农户都办起沼气，全年只需 1 亿 t 稻草，这样便可使燃料由不足变为有余，并可节约相当可观的煤炭。如果全国有一半的农村建设 5～7kW 沼气发电工程，一年可发电 200 多亿 kWh。这些电如果

由火力发电厂供应，需消耗1 000万t煤炭，如用柴油发电，则需消耗柴油600万t。据测算，一个10 m^3的户用沼气池，使用高效发酵管理方式和技术，可年产沼气500m^3，提供的热能能够解决3~5口的农户家庭10~12个月的生活用能，年可节省柴草3t，节电300kWh，仅此两项年可节约500元以上的开支。因此，在农村大力发展沼气，不仅可以缓解农村能源紧张的矛盾，提高农民的生活质量，而且还可改善农村用能结构，减少大量矿物能源的消耗。

二、构建农业循环系统，促进农业生产发展

生态系统中包含诸多环节的循环，循环中的诸环节中存在许多相生或相斥，每个环节的产物或废物，往往成为另一个环节的原料。就农业循环系统而言，将作物所产的秸秆直接烧掉，或直接用于还田，或用作饲料后将畜禽粪便作肥料的习惯性做法，都未能充分利用农业生物产物的物质和能量，因此，这样的循环是不完全的(图1-1)。如在农业循环中加入沼气应用的环节，农业循环就可成为比较完善趋于封闭的循环体系(图1-2)，这将显著提高循环效率，加速农业内部各部门的综合发展，充分地利用农业生物的物质和能量，同时也比较合理地保持了自然生态系统的平衡。据测算，一个10m^3的沼气池，一年生产的沼气相当于1.5×10^7~2×10^7J的能量，在这些能量被人们充分利用的同时，还可产沼液15~20t(相当于58~116kg碳铵和25~50kg过磷酸钙)，产沼渣1t(相当于58kg碳铵和25kg过磷酸钙)。由于沼液和沼渣均属优质有机肥，因此，发展沼气对增积有机肥，提高土壤有机质含量，提高土地的农业循环产出率可发挥积极作用。综上所述，从农业生态循环看，发展沼气可以建立封闭的农业循环体系，改善优化循环系统，增加循环链条，提高能量循环效率，有利于保持生态平衡，促进农业生产发展。

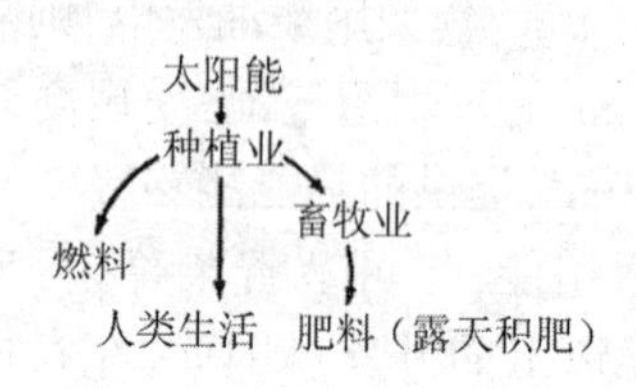

图1-1 未加沼气环节的农业循环

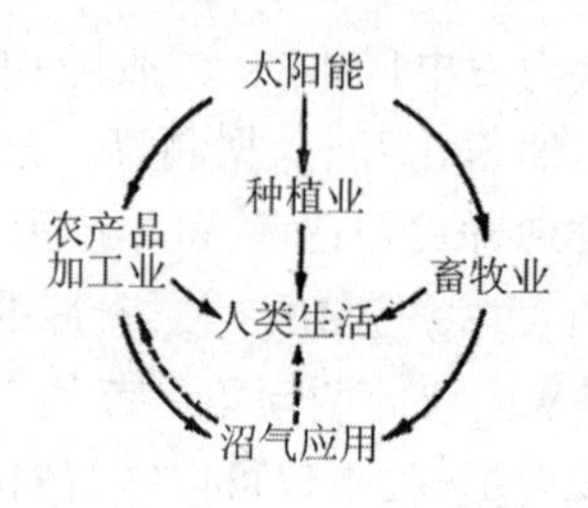

图1-2 加沼气环节

三、改善农村卫生条件，净化农民生活环境

我国农村过去大多居住环境较差，人畜粪便在院内院外露天堆放，多数情况下疏于管理，成为蚊蝇孳生之地。“柴草乱垛、垃圾乱倒、污水乱流、粪土乱堆、畜禽乱跑、蚊蝇乱飞、烟熏火燎”是我国许多地区农村生活环境的真实写照。夏季遇到暴雨，粪污随水四处横流，臭味熏天，甚至流入河道、池塘，污染地表水质，导致池塘富养化，同时又为疾病传染提供了可乘之机，一些地方的养殖大户产生的畜禽粪污的处理问题成为非常棘手的难题。通过发展农村沼气，推行“一池三改”（建沼气池带动改圈、改厕、改厨），重新合理规划厕所、畜禽舍，把人畜粪便从地面引入地下，利用厌氧微生物发酵，消化处理粪污等废弃物的同时，产生了沼气、沼液和沼渣。沼气是一种以甲烷、二氧化碳为主要成份的无色气体，本身是一种较少污染的卫生能源。沼气如能完全燃烧后，终极产物是二氧化碳和水，既无烟灰，也不会造成公害，使用沼气能有效地减少燃烧柴薪烟熏火燎所带来的红眼、哮喘等疾病。沼气制取过程中，由于将人畜粪便、有机污水和有机废弃物等疾病传播源、污染源投入到池中进行密闭发酵，微生物分解代谢释放出的惰性物质可在池内循环利用，不存在堆沤等方式产生的环境污染，同时能有

效地将细菌性病源、病毒性病源和寄生虫卵大部分沉降杀灭，大大减少了疾病传播，其卫生效果目前在农村没有其他处理方法可比。此外，农民为了多产多用沼气，在充分利用人畜粪便、作物秸秆的同时，还会积极主动地清理阴沟积污，争拾道路、村边野粪，既净化了环境，也改善了农村卫生面貌。实践证明，进行沼气化的村庄，往往能成为卫生村，村容村貌整洁，空气清新。因此，农村办沼气不仅有利于改善农村卫生条件，也有利于保护和净化农村环境，促进村容村貌的彻底改观。这正是我国社会主义新农村建设的重要内容之一。

四、促进生态农业建设，有效增加农民收入

众所周知，生态农业建设已成为我国农业可持续发展的有效途径和必然选择，而生态农业工程模式是生态农业建设的核心内容和具体体现。随着生态农业建设在全国范围内的不断深入，多种多样因地制宜的生态农业工程模式相继涌现。在众多的生态农业工程模式中，以沼气工程为纽带，结合农牧生产综合利用和能源建设的工程模式，即沼气生态农业模式，是其中应用广泛、效益显著的重要模式之一。沼气生态农业模式即以沼气为纽带，按照生态学“整体、协调、循环、再生”的原理，把养殖业、种植业和农副产品加工业等有机联接起来，以达到经济效益、社会效益和生态效益的协调稳步增长的一种农业模式。此模式中，关键环节在于实现沼气的综合利用。沼气综合利用是指人畜粪便等有机废弃物经沼气发酵后，所产生的沼气、沼液、沼渣按照营养关系作为下级生产活动的原料、肥料、饲料、添加剂和能源等进行再利用。

（一）沼气综合利用可有效促进农业生态环境保护

第一，沼气是生态农业的组成环节。在以畜禽养殖为主体的生态农业工程中，利用沼气技术可以有效消除生产过程中产生的有机废弃物，实现生物质能的多层次循环利用，实现无污染、无废

弃物的清洁生产,从而达到发展生产和净化环境的“双赢”。第二,沼气综合利用能积极参与生态农业中的物质和能量的转化,为废弃物、污染物的无害化、资源化处置以及系统能量的合理流动提供条件,保证了生态农业系统内能量的逐步积累,增强了生态系统的稳定性。第三,沼气综合利用可增加生态系统环节,延长系统的食物链,从而拓宽了有机能量的循环利用途径,优化了生态系统的内部结构,进一步增强了生态农业系统内物质循环和能量流动的基础。第四,沼气综合利用可减少森林资源的消耗,保护生态环境。据测算,不用沼气的农户一年生火做饭所用薪柴相当于覆盖5 亩(1 亩≈666.7m^2,全书同)地的植被。根据海南省提供的资料,全省现有 16.15 万农户使用沼气,每年可以保护 80 多万亩森林生态免遭破坏。总之,沼气综合利用,不仅是解决当前农村能源不足的重要手段,更是能保护与增值自然资源,加速物质能量循环,发展生态农业,促进农业清洁生产,确保农业发展生态环境优良的重要举措。

(二)沼气综合利用在生态农业建设中应用前景广阔

沼气及其发酵残留物的综合利用是农村沼气建设的生命力。沼气池的建设,首先,是产生可再生能源用于农村居民的生产和生活,其次,是作为净化环境的方法处理生活污水、有机生活垃圾以及人畜粪便、农作物秸秆,再次,是生产沼渣沼液有机肥料广泛用于农、林、牧、渔业生产。随着科技的发展,还可从沼气及其发酵残留物中制取多种化工产品。

1.沼气的应用

(1)用作生活和生产用能。沼气是一种优质的气体燃料,热值较高,热效率比较稳定,抗爆性能较好,使用方便,是一种很好的清洁燃料,其技术经济性仅次于液化石油气。沼气热值因发酵原料种类不同而异,一般为 18 841 ~ 25 122kJ/m^3。沼气除用作生活燃料外,还可供生产用能。沼气燃烧发电是一种重要的沼气利用方式。目前,用于沼气发电的设备主要有内燃机和汽轮机。我国的沼气发动机主要分为两类,即双燃料式和全烧式。对“沼气—柴油”双燃料发动机的研发工作较多,目前,我国在沼气发电方面的研究工作主要集中在内燃机系列上。沼气发电具有广阔的应用前景,从低碳环保的角度看,有助于减少温室气体的排放。通过沼气发电可减少甲烷的排放,而每减排1t甲烷,相当于减排25t二氧化碳的排放,对缓和“温室效应”有利。此外,沼气发电则为充分利用沼气找到合理途径,减少了十分排空现象的发生。从循环经济的角度看,沼气发电有利于实现变废为宝,提高沼气工程的综合效益。例如,用酒糟废水经厌氧发酵消化产生沼气,发电效率为1.69kWh / m^3,当年成本为0.046 5 元/kWh,发电量能够基本满足工厂的生产用能。我国农村偏远地区还有很多地方严重缺电,如牧区、海岛、偏僻山区等高压输电较为困难,而这些地区却有着丰富的生物质原料,因地制宜地发展小型沼气电站,可取长补短实现就地供电。

(2)其他用途。将沼气通入种植蔬菜的大棚或温室内燃烧,不仅可以提升棚(室)温,同时还可以利用沼气燃烧产生的二氧化碳进行气体施肥,具有明显的增产效果,且无污染。利用沼气作能源孵化苗禽,能克服传统的炭孵、炕孵工艺所造成的温度不稳定和二氧化碳中毒现象,且孵化技术可靠,操作方面,孵化率高,不污染环境。沼气中含有60%左右的甲烷,35%左右的二氧化碳和氮气、氢气等微量气体。当这些气体数量增多,浓度升高时,便会形成一种缺氧窒息环境。在向储粮装置内输入适量的沼气并密闭停留一定时间时,即可排除空气,使害虫因缺氧而窒息死亡。此法储存粮食,既可保持粮食品质,对粮食无污染,又对人体健康和种子发芽无影响。此项技术可节约贮存成本60%以上,减少粮食损失10%左右。利用沼气中甲烷和二氧化碳含量高,含氧量极低以及甲烷无毒的特性,来调节贮藏环境中的气体成分,造成一定的缺氧状态，用以抑制水果的呼吸强度，可以减少养分消耗，从而达到无虫保鲜、产品增值的目的。

2. 沼气发酵残余物的应用

我国是一个有着悠久农业文明史的农业大国。农业的发展和土壤的利用已有数千年历史。由于坚持用地和养地相结合，长期施用有机肥料，千百年来，土壤肥力不但没有衰退，而且还保持了较高的肥力。沼气发酵残余物是一种优质的有机肥料，且具有原料来源广、成本低、养分全、肥效长、富含有机质、能改良土壤等诸多优点，因此发展沼气可以大大增加有机肥源，提高肥料质量，是农村一项重要的肥源建设。在农业生产实践中的应用结果表明，沼肥在不同土壤和作物上施用，均能获得显著的增产效果。沼液与沼渣相比，虽然养分含量不高，但其养分主要为速效性养分，且含有一些生物活性物质，除用于冲(浇)施外，还可以用于叶面喷施，起到叶面肥及抑制和杀灭病虫害的作用。沼液中含有多种蛋白质、游离氨基酸、维生素、微量元素和活力较强的纤维素酶、蛋白酶等可溶性营养物质，易于消化吸收，能够满足牲畜的生长需要，所以沼液是一种理想的饲料资源。目前，随着科研和实践的不断深入，沼渣沼液综合利用的领域也在不断拓宽。2014 年，全国 65% 以上的沼气户发展了以沼气为纽带的庭院经济，对改善农民居住环境，提高农民的健康水平和生活质量，大幅减轻农村家庭畜禽养殖带来的污染，推进农业生态建设起到了很好的作用。经农业专家反复论证，并通过实践检验，我国生态农业建设具有代表性的十大典型模式中，排在第一、第二位的分别是以沼气为纽带的北方“四位一体”生态模式和南方的“猪—沼—果”生态模式，这两种模式均较好地解决了农业生产中大量使用化肥、农药、添加剂、人畜粪便等物质引起的环境恶化、污染加剧、资源枯竭、食物中毒等问题，达到了生态、经济、社会三大效益的协调统一，经过大面积推广应用，深受各地农民群众欢迎。

(三)发展沼气生态农业可有效促进农民节支增收

与其他商品生产相比,农村沼气的经济效益相对不够直观,似乎“看不见”。但是,如果对农村沼气的经济性进行客观的分析评价,不难发现,农村沼气的经济效益是可观的,对促进农民的节支增收具有很大的作用。主要表现如下。

1. 沼气的燃料效益

平均而言,一个普通农户一家5口人,建1个10m^{3}的户用沼气池,每年可产沼气400~500m^3(用传统的人畜粪便堆沤制肥方法,这部分能量同样被微生物分解释放,但无法收集使用,只能散失掉)。与使用液化石油气等价比较,每年可节省燃料费用600~800元。

2. 沼肥的肥料效益

据试验对比,人畜粪便投入沼气发酵的全氮保存率为114%,氨态氮增加20%以上,磷、钾等养分没有明显损失。沼气发酵全氮保存率比敞口池沤肥保存率68%增加46个百分点,敞口池沤肥过程中磷、钾保存率仅为63.36%和66.67%。据此推算,相比可增值200元左右。另外,沼气发酵过程中,微生物将植物不易吸收利用的养分(如脂肪、纤维素等)分解,吸收固定游离氮,形成富含多种养分、具有多种生理活性的生物活性物质,对农作物生长、病虫害防治等具有良好的调控效果。

3. 解放劳动力效应

评价农村使用沼气节省劳动力的价值时,需要分析沼气池投料管理和用于施肥增加的劳动时间,再与传统的打柴、炊事、施肥所用的劳动时间进行比较,两者之差即为农村使用沼气的劳动力效益。按沼气池投料管理及畜禽栏圈卫生要求,每天需要清除粪便入池一次,每次约用工10min,每年折合劳动工日8个(按工作8h/d计算);每年沼气池形成沼肥15t,如全部用于作物施肥,共需劳动工日15个。两项合计共需劳动工日23个,与普通堆肥所需

6个劳动工日相比，增加17个。根据普通农户在农村生活的经历，满足一家5口人炊事用能，一年需柴草2.2t，按一个劳动力一天可打柴草100kg(以干物计)，一年需22个劳动工日；每天还需要生火添柴1.5h，一年近68个劳动工日，总计90个劳动工日。比较可得，使用沼气与传统的打柴、炊事、施肥所耗的90个劳动工日相比，实际年可节省劳动工日73个。

以上三项相加，农村使用沼气后，一户农民家庭年可增收节支1 800～2 000元。据海南省统计资料，农村沼气户每年节省燃料和电费开支约800元，利用沼液、沼渣作肥料，每年可节省化肥350kg，减少开支400元，扣除节省劳动用工不算，每个沼气户每年节支增收1 200元，全省16.15万个农村沼气用户，每年节支增收达2亿元。

综上所述，开发和利用农村沼气是一项投资少、见效快，一次投资、长期受益的好项目；是多层次有效综合利用生物质，实现农业可持续发展战略的一项重大举措；是解决农村燃料短缺，缓解农村发展能源不足矛盾，促进农民节支增收的有效途径；是保护生态环境，改善农村卫生条件和村容村貌的有效办法；是推进社会主义新农村建设和农业现代化建设的重要内容，应加快推广。

第三节　我国农村沼气建设的主要经验

沼气早期被称为瓦斯，沼气池被称为瓦斯库。在19世纪80年代末，我国广东潮梅一带民间就开始了制取瓦斯的试验，到19世纪末出现了简陋的瓦斯库，并初步懂得了制取瓦斯的办法。由于当时沼气池过于简陋，产气率低，没能得到推广应用。我国真正意义上的沼气制取和应用，始于20纪30年代，罗国瑞先生建成我国第一个有实际使用价值的混凝土沼气池，并成立“中国国瑞瓦斯总行”，专门建造沼气池，推广沼气技术。1936 年，周培源先生在江苏省宜兴县建造了水压式、活动盖、埋入地下的沼气池，用以烧饭和点灯照明。同年，浙江省诸暨县安华镇也建造沼气池供居民照明。1937 年，河北省武安县在室内建池，至今完好，仍可产气。新中国成立后，我国的沼气建设有了长足发展，但其间曲折坎坷，走过了“推广→高潮→衰落→重振”的发展历程。1958 年，全国许多省、市曾推广过沼气，但由于操之过急，忽视建池质量以及缺乏科学的管理措施等原因，当时所建的数十万沼气池大多都废弃了。20 世纪 70 年代末期，由于农村生活燃料的严重缺乏，在河南、四川、江苏等农村又掀起了发展沼气的热潮，而且这股热潮很快传遍了全国，短短几年时间内全国累计修建户用沼气池近 700 万个，其中，有 21 个县、1 900 多个人民公社和 17 000 多个生产大队实现了沼气化，70% 的农户用上沼气。在一些社队和国营农牧场、屠宰场、酒厂、食品公司等单位，还建了 36 000 多个容积较大的沼气池，利用沼气开动内燃机，进行抽水灌溉，碾米磨面，粉碎饲料或干燥谷物、烟叶、茶叶、蚕茧等农副产品。沼气的综合利用范围逐步扩大，沼渣沼液用作有机肥，用于养鱼、饲喂畜禽、栽培蘑菇，以及提取维生素、制取四氯化碳等化工产品。一些城镇还利用沼气池厌氧发酵来处理城市生活污水和粪便，也取得了初步成效。但由于技术水平限制及发展速度过快，沼气池的设计施工都很不规范、缺乏正确的技术管理措施，修建的沼气池平均使用寿命仅 3 ~ 5 年，到 70 年代后期大量沼气池报废。1979 年，国务院成立了全国沼气建设领导小组，认真总结了前期沼气建设的经验教训，随后，农业部沼气科学研究所、中国沼气学会和中国沼气行业协会等相继成立，一些高校如首都师范大学、原浙江农业大学、河南农业大学等也开展了这方面的研究及人才培养。经过广大科技工作者的共同努力，沼气技术在我国的发展有了可靠的技术保障，出现了曲流布料沼气池、强回流沼气池、分离浮罩式沼气池等新池型，农村沼气的利用途径实现了重大转变，由以前的单一制取能源向改善农村环境卫生、保护生态环境、发展生态农业等多元化利用转变，尤其是在生态农业方面的独特作用，更是沼气技术得到重视和推广的重要原因。自20世纪90年代中后期至今，我国的沼气建设又进入了一个高速发展期。至1997年年底，全国农村户用沼气池达638万个，大中型沼气工程600多处，年产沼气13亿m^3。在国家和各级地方政府的政策引导、资金扶持及其他经济技术措施的综合推动下，广大农民大办沼气的积极性被进一步调动起来，建设热情高涨。2002年，全国户用沼气池总量达到1 000万个，畜禽养殖场沼气工程1 100多处，城镇污水沼气净化池近10万处。同时建立了从国家到省、市、县的沼气管理、推广、科研、质检及培训体系，探索了一些以沼气为纽带的农村生态模式，将农村沼气和生态农业紧密结合起来，促进了当地农业生产和农村经济的发展，使农村沼气建设更具生命力。截至2014年年底，全国户用沼气保有量达到4 200万户，沼气工程近10万处，全年处理粪污、秸秆、生活垃圾近20亿t，其中，粪污17亿t。

回顾我国农村沼气发展史，沼气利用之所以在我国农村逐步扩大并迅速推广，其主要原因是由于农村能源缺乏，群众迫切需要解决燃料问题；随着农民群众生活水平提高和现代化建设进程加快，广大农民现代意识和生活方式不断进步，能源使用越来越追求清洁、卫生、便利和高效；国家和各级政府对开发利用生物质能源高度重视，各级普遍健全机构，加强领导，从组织、政策、技术、资金、物资以及服务等多方面采取了积极有效措施，帮助村集体和农民群众扬长避短，充分发挥国家、集体、农民群众和社会各方面的优势和积极性，有计划、有组织的进行沼气建设。从我国农村沼气发展的历程来看，沼气建设的主要经验包括以下6点。

一、从我国农村实际情况出发,因地制宜、讲求实效

我国农村幅员辽阔,各地的气候与土质条件迥异,建筑材料和沼气发酵原料的来源差别很大,饮食、用燃和庭院养殖的习惯也各不相同。因此,在农村沼气建设和推广中,必须要区别南方与北方、沿海与内陆、山区与平原,坚持因地制宜、就地取材、讲究实效的原则,选用不同的发酵原料,设计和推广不同的沼气池型,不同的发酵工艺,不同的保温措施,并通过典型示范、现场观摩、专题研讨、会议培训等形式,及时总结交流各地经验,开展多种形式的宣传发动工作,提高广大群众的思想认识,调动干部群众开展沼气建设的积极性,变"要我建沼气池"为"我要建沼气池",打牢群众工作基础,推动农村沼气建设科学发展、稳步前进。

二、与国民经济发展要求相适应,科学布局、合理规划

农村沼气建设涉及千家万户,量大面广,政策性强,必须坚持全面规划,近期与远期目标相结合。在统一规划的基础上,进一步细化地区发展规划,根据农民需求和财力可能,分步实施。作为可再生能源的开发利用,农村沼气建设应被列为农业建设项目纳入了国民经济发展规划,实行了统筹规划,重点开发,并和生态家园富民工程、农业机械化、畜牧业及社会主义新农村建设结合起来,分期分批地成片发展,有序开发。户用沼气为便于建设指导和建后管护,尽可能以村为单位,集中建设,整体推进。大中型沼气工程重点安排在规模化养殖场和养殖小区。推广沼气的重点放在严重缺柴和血吸虫病流行的农村,或畜牧业发展较快、畜禽粪便和秸秆柴草较丰富的地区。有条件的村集体、企事业单位和城镇也可建设大中型沼气工程,以适当增加热源、动力和电力来源或其他更高层次的利用途径。

三、兼顾国家、集体和个人利益,制定正确的经济政策

要形成全社会重视并大规模利用沼气的良好态势,不能单靠一家一户的农民来推广应用,沼气利用须走上市场,而且要走产业化、规模化经营的道路。总体上看,我国目前的农业生产还比较落后,农民生活水平较低,农民还不富裕,农业积累也比较少,集体经济还比较薄弱。推广沼气建设所需资金,如全部由农民个人或村集体负担,都较为困难,如全部由国家负担或补贴,也不现实,因此,采取农民自办为主、集体和国家扶持为辅的原则是一项有针对性的政策。计划经济时期农村发展沼气,穷村或困难户由银行、信用社予以低息贷款,建池所需水泥和少量钢材等由国家供应,物资和技工工资由社队统一安排,社员参加建池劳动和负担购备配件。沼气池既是社员自己的生活资料,又是集体的生产资料,所产沼气由农民个人使用,沼气肥由集体管理,统一安排,建立合理的投肥政策和进出料制度。市场经济阶段,按照“市场运作、国家补助、完善服务、自我发展”的原则,国家提供不同类型的沼气池型供农户选择,农户每建成一个沼气池,国家给予一定数额的资金直补,施工技工、沼气配件由技术服务部门或村集体统一组织提供,沼气进出料由个人或集体统一安排。在整个沼气建设中,利用利益联结机制,使国家、集体和农户的三者利益有机结合,通过国家和集体的扶持政策,充分调动农户参与沼气池建设的积极性和主观能动性,确保沼气池保持较高的使用率,保证沼气建设不断得到巩固和提高。

四、打造一支忠于事业、热心服务、技术过硬的专业队伍

农村沼气工程技术性强,关系农民切身利益,必须以科技为支撑,坚持专业化施工,社会化管理,完善服务体系,确保安全运行。千家万户办沼气,必须加强指导,建立各级推广服务体系。村组要有建池和管理的服务机构并配有相应的技术服务人员。省、市、县都要设立相应的管理服务部门,行政管理、技术服务、推广培训、项

目开发等工作需常抓不懈，并抓好试验示范和试点，以点带面，推动农村沼气建设不断向纵深发展。在沼气科研工作中坚持理论与实践相结合，采取专业研究与群众性科学实验相结合的办法，以专业研究为主，同时积极鼓励和支持农民群众开展技术革新。专业研究课题来自农民群众实践的需要，科研成果放到实践中让农民群众检验，科研和实际紧密连接，有的放矢，不断提高科研工作的创新水平，适应沼气建设的发展需要。沼气项目建设必须严格执行国家制定的标准图集、工艺规程、施工操作规程、管路设计规范等设计和建设标准和规范。实行农村沼气建设职业准入制度，从事农村沼气建设的施工人员必须取得国家相应的职业资格证书。申请农村沼气建设项目的县必须具备与建设任务相匹配的持证技术人员数量，确保农村沼气建设质量。

五、抓好“三沼”综合利用，实现农村沼气建设的综合效益

化肥、农药的过量施用，导致农产品品质下降，危害人民群众身体健康，严重影响我国农产品的市场竞争力。沼渣、沼液是一种优质高效的有机肥料，富含氮、磷、钾和有机质等，能改善微生态环境，促进土壤结构改良。一个 $10m^3$ 的沼气池，年产沼液沼渣 20 ~ 25t，可满足 4 ~ 5 亩无公害瓜菜的用肥需要，可减少 20% 以上的农药和化肥施用量。沼液喷洒作物叶面，灭菌杀虫，秧苗肥壮，粮食增产 15% ~20%，蔬菜增产 30% ~40%。农村沼气建设的最大价值体现在“三沼”（沼气、沼液、沼渣）综合利用上，但当前农村沼气建设的综合效益尚未充分显现，制约了沼气的可持续发展。沼气发酵后产出的沼渣、沼液本是很好的速效全养分有机肥料，但由于综合利用率低，反而成为沼气工程二次污染的源头，成为沼气工程建设发展的瓶颈，这样就更谈不上与循环农业相结合，提高附加值，提供安全食品，沼气建设的规模效益、整体效益和最大价值也未充分挖掘出来。大力推广“三沼”综合利用技术，用沼气、沼渣、沼液广泛替代化肥和农药使用，因地制宜地发展沼气生态循环农业，才能真正实现农村沼气建设的综合效益。

六、处理好巩固与建设的关系，建立沼气发展的长效机制

伴随着沼气事业的快速发展，沼气服务滞后问题越来越突出：沼气配件供应难，沼气池出料难，农户维修难；沼渣沼液综合利用率低，沼气池质量合格率低，新技术推广利用率低；病池率高、废池率高等一系列问题成为当前迫切需要解决的突出问题。发展农村沼气，建池是基础，管理是关键，服务是保障，使用是目的。搞行政命令，一哄而起，到处布点，盲目追求数量，忽视建池质量的做法不利于发展；重建轻管，或只建不管、服务滞后甚至不服务的观念也是不对的。沼气池建设必须坚持质量第一，以对农民负责和严肃的科学态度把好质量验收关，对病态池必须及时处理，并认真落实好相关的优惠政策，建立必要的管理制度。深化服务，特别是针对一家一户办不了或办起来不合算的环节，要开展好系列化、综合性的服务。通过加强沼气后续服务，实现农村沼气建设与服务同步推进，及时为广大沼气用户排忧解难，充分提高沼气池使用率和沼渣沼液综合利用率，才能真正建立起农村沼气发展的长效机制。

我国农村沼气建设虽然取得一定的成就，也积累了一些经验，但发展中仍存在很多问题。这些问题主要是对沼气发酵基础理论和基本技术研究得不深，许多基础性研究还有待于探索、总结和提高；沼气池产气率不高，利用率还较低；沼气发酵装置及使用配件的配套率还较差，市场经济条件下运作的技术革新障碍、市场障碍、政策供给不足等还影响着发展。所有这些都需要认真对待，着力研究解决。当前，我国可再生能源利用已进入加快发展期，农村沼气建设既充满希望，也面临挑战，只要我们坚持以科学发展观统领沼气建设工作全局，在党和政府的重视支持下，充分发挥国家、部门、基层和农民群众的积极性和创造性，锐意进取，迎难而上，扎实努力，我国农村沼气事业一定会不断前进，沼气的发展和利用将迎来更加灿烂的明天。

第二章　沼气发酵基础知识

第一节　沼气的概念和特性

一、什么是沼气

在日常生活中,特别是在气温较高的夏、秋季节,人们经常可以看到,从死水塘、污水沟、储粪池中,咕嘟咕嘟地向表面冒出许多小气泡,如果把这些小气泡收集起来,用火去点,便可产生蓝色的火焰,这种可以燃烧的气体就是沼气。由于它最初是从沼泽中发现的,所以叫沼气。沼气又是有机物质在厌氧条件下产生出来的气体,因此,又称为生物气。

二、沼气的来源

沼气发酵是自然界中普遍而典型的物质循环过程,按其来源不同,可分为天然沼气和人工沼气两大类。天然沼气是在没有人工干预的情况下,由于特殊的自然环境条件而形成的,除广泛存在于粪坑、阴沟、池塘等自然界厌氧生态系统外,地层深处的古代有机体在逐渐形成石油的过程中,也产生一种性质近似于沼气的可燃性气体,叫做“天然气”。人类在了解掌握了自然界产生沼气的规律后，便有意识地模仿自然环境建造沼气池，将各种有机物质作为原料，用人工的方法制取沼气，这就是“人工沼气”。人工沼气的性质近似于天然气，但也有不同之处，其主要不同点见表 2-1。

表 2-1　人工沼气与天然气的差异

气体种类	制取方法	可燃成分	含量(%)	热值(kJ/m^3)
人工沼气	发酵法	甲烷、氢气	50 ~ 70	20 000 ~ 29 000
天然气	钻井法	甲烷、丙烷、丁烷等	90 以上	36 000 左右

三、沼气的成分

无论是天然产生的，还是人工制取的沼气，都是以甲烷为主要成分的混合气体，其成分不仅随发酵原料的种类和相对含量不同而有变化，而且因发酵条件及发酵阶段各有差异。一般情况下，沼气的主要成分是甲烷(CH_4)、二氧化碳(CO_2)和少量硫化氢(H_2S)、氢气(H_2)、一氧化碳(CO)、氮气(N_2)等气体，其中，甲烷占 50% ~70%、二氧化碳占 30% ~40%，其他成分含量较少。沼气中的甲烷、氢气、一氧化碳等都是可以燃烧的气体，人类主要利用这一部分气体的燃烧来获得能量。

四、沼气的性质

沼气是一种无色气体，由于它常含有微量的硫化氢气体，所以，脱除硫化氢前，有轻微的臭鸡蛋味，燃烧后，臭鸡蛋味消除。沼气的主要成分是甲烷，它的理化性质也近似于甲烷(表 2-2)。了解和熟悉沼气的理化性质，对于制取和利用沼气很有必要。

表 2-2　甲烷与沼气的主要理化性质

理化性质	甲烷(CH_4)	标准沼气(CH_4占60%)
热值(kJ/m^3)	35 822	21 520
密度(g/L,标准状态)	0.72	1.22
比重(与空气相比)	0.55	0.94
临界温度(℃)	-82.5	-48.42 ~ -25.7
临界压力(10^5Pa)	46.4	53.93 ~ 59.35
爆炸范围(与空气混合的体积百分比%)	5 ~ 15	8.80 ~ 24.4
气味	无	微臭

(一)热值

甲烷是一种热值较高的优质气体燃料。1m^3纯甲烷,在标准状况下完全燃烧,可放出 35 822kJ 的热量,最高温度可达1 400℃。沼气中因含有其他气体,发热量稍低一些,为19 000 ~ 25 000kJ,最高温度可达 1 200℃。因此,在人工制取沼气中,应创造适宜的发酵条件,以提高沼气中甲烷的含量。

(二)比重

与空气相比,甲烷的比重为 0.55,标准沼气的比重为 0.94。所以,在沼气池气室中,甲烷较轻,分布在上层;二氧化碳较重,分布于下层。沼气比空气轻,在空气中容易扩散,扩散速度比空气快 3 倍。当空气中甲烷的含量达 25% ~ 30% 时,对人畜有一定的麻醉作用。

(三)溶解度

甲烷在水中的溶解度很小,在 20℃、一个大气压下,100 单位体积的水中只能溶解 3 个单位体积的甲烷,这就是沼气不但可在淹水条件下生成,还可用排水法收集的原因。

(四)临界温度和压力

气体从气态变成液态时,所需要的温度和压力称为临界温度和临界压力。标准沼气的平均临界温度为-37℃，平均临界压力为56.64×10^5Pa(即56.64个大气压力)。这说明沼气液化的条件是相当苛刻的，也是目前沼气以管道输气为主，较少液化装罐作为商品能源交易的原因。

(五)分子结构与尺寸

甲烷的分子结构是1个碳原子和4个氢原子构成的等边三角形四面体，分子量为16.04，其分子直径为3.76×10^{-10}m，约为水泥砂浆孔隙的1/4。这也是研制复合涂料，提高沼气池密封性的重要依据。

(六)燃烧特性

甲烷是一种优质气体燃料，1个体积的甲烷需要两个体积的氧气才能完全燃烧。氧气约占空气的1/5，而沼气中甲烷含量为50%～70%，所以1体积沼气需要5～7个体积的空气才能充分燃烧。这是研制沼气用具和正确使用用具的重要依据。

(七)爆炸极限

在常压下，标准沼气与空气混合的爆炸极限是8.80%～24.4%；沼气与空气按1∶10的比例混合，在封闭条件下，遇到明火会迅速燃烧、膨胀，产生很大的推动力，因此，沼气除了可以用于炊事、照明外，还可以用作动力燃料。

第二节　沼气发酵基本原理

一、沼气发酵微生物

人类生活的地球是一个充满生物的世界。在千姿百态的生物世界中，存在着一类我们肉眼看不见，伸手摸不着的微生物，它们可以制造沼气，为人类提供能源，这类微生物就是沼气发酵微生物。沼气发酵微生物是人工制取沼气最重要的因素,只有有了大量的沼气微生物,并使各种类群的微生物得到基本的生长条件,沼气发酵原料才能在微生物的作用下转化为沼气。

(一)沼气微生物的种类

沼气发酵指有机物质(人畜粪便、秸秆、杂草、垃圾、污泥等)在厌氧条件下,通过微生物的分解代谢,最终产生沼气的过程,其实质是复杂的有机物质在种类繁多、数量巨大、且功能各异的微生物作用下,逐步分解和转化,最后降解产生沼气。沼气发酵是一种极为复杂的微生物和化学过程,这一过程的发生和发展是5大类群微生物活动的结果。它们是发酵性细菌、产氢产乙酸菌、耗氢产乙酸菌、食氢产甲烷菌和食乙酸产甲烷菌。这些微生物按照各自的营养需要,起着不同的物质转化作用。从复杂有机物的降解,到甲烷的形成,就是它们分工合作和相互作用完成的。

1. 不产甲烷菌

在沼气发酵过程中,不能直接产生甲烷的微生物统称为不产甲烷菌。不产甲烷菌能将复杂的大分子有机物变成简单的小分子量的物质。它们的种类繁多,现已观察到的包括细菌、真菌和原生动物三大类。以细菌种类最多,目前,已知的有18个属51种,随着研究的深入和分离方法的改进,还在不断发现新种。根据微生物的呼吸类型可将其分为好氧菌、厌氧菌、兼性厌氧菌三种类型。其中,厌氧菌数量最大,比兼性厌氧菌、好氧菌多100~200倍,是不产甲烷阶段起主要作用的菌群。根据作用基质来分,有纤维分解菌、半纤维分解菌、淀粉分解菌、蛋白质分解菌、脂肪分解菌和其他一些特殊的细菌,如产氢菌、产乙酸菌等。

不产甲烷菌及其生理特性如下:

(1)发酵性细菌。用作沼气发酵原料的有机物种类繁多,如畜禽粪便、作物秸秆、食品加工废物和废水,以及酒精废醪等,其主要化学成分为糖、蛋白质和脂肪。其中,多糖类物质又是发酵原料的主要成分,它包括淀粉、纤维素、半纤维素、果胶质等。这些复杂有机物大多数在水中不能溶解,必须首先被发酵性细菌所分泌的胞外酶水解为可溶性的糖、肽、氨基酸和脂肪酸后,才能被微生物所吸收利用。发酵性细菌将上述可溶性物质吸收进入细胞后,经发酵作用将它们转化为乙酸、丙酸、丁酸等脂肪酸和醇类及一定量的氢、二氧化碳等。

(2)产氢产乙酸菌。发酵性细菌将复杂有机物分解发酵所产生的有机酸和醇类,除甲酸、乙酸和甲醇外,均不能被产甲烷菌所利用,必须由产氢产乙酸菌将其分解转化为乙酸、氢和二氧化碳。

(3)耗氢产乙酸菌。耗氢产乙酸菌也称为同型乙酸菌,这是一类既能自养生活又能异养生活的混合营养型细菌。它们既能利用氢气和二氧化碳生成乙酸,也能代谢糖类产生乙酸。耗氢产乙酸菌在自然界中分布广泛,它们能转变多种有机物为乙酸。

通过上述三菌群微生物的活动,各种复杂有机物可生成有机酸和氢气、二氧化碳等,通过有机酸成分及含量测定,可以知道厌氧消化过程的进行是否正常。

2. 产甲烷菌

在沼气发酵过程中,利用小分子量化合物形成沼气的微生物统称为产甲烷菌。如果说微生物是沼气发酵的核心,那么产甲烷菌又是沼气发酵微生物的核心。产甲烷菌是一群非常特殊的微生物,它们严格厌氧,对氧和氧化剂非常敏感,适宜在中性或微碱性环境中生存繁殖。它们依靠二氧化碳和氢气生长,并以废物的形式排除甲烷,是要求生长物质最简单的微生物。

产甲烷菌的种类很多,目前,已发现的产甲烷菌有3目、4科、7属和13种,根据它们的细胞形态、大小、有无鞭毛、有无孢子等特征,可分为甲烷杆菌类、甲烷八叠球菌类、甲烷球菌类、甲烷螺旋形菌类(图2-1)。由于产甲烷菌“吃”的是产酸菌代谢的废物,如乙酸、甲酸、氢气、二氧化碳等结构简单、含能量少的物质,又生活在严格的厌氧条件下，生产的代谢产物甲烷中仍含有较高能量，所以生长繁殖缓慢，繁殖倍增时间一般都比较长，长者达 4 ~ 6d，短者 3h 左右，大约为产酸菌繁殖倍增时间的 15 倍。由于产甲烷菌繁殖较慢，在发酵启动时，需加入大量甲烷菌种。

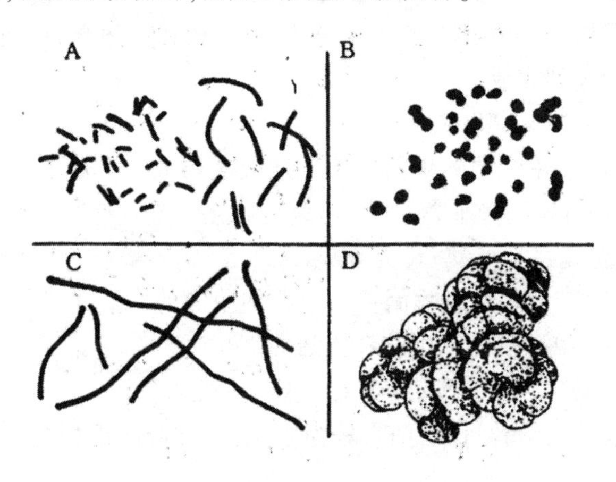

图 2-1　产甲烷菌的形态

A. 甲烷杆菌类 B. 甲烷球菌类 C. 甲烷螺旋形菌类 D. 甲烷八叠球菌类

产甲烷菌在自然界中广泛分布，如土壤中，湖泊、沼泽中，反刍动物（牛羊等）的肠胃道里，淡水或碱水池塘污泥中，下水道污泥、腐烂秸秆堆、牛马粪以及城乡垃圾堆中都有大量的产甲烷菌存在。由于产甲烷菌的分离、培养和保存都有较大的困难，迄今为止，所获得的产甲烷菌的纯种不多。一些菌的培养方法还不完善，所以对产甲烷菌的生理生化特征还不清楚，产甲烷菌的纯种还不能应用于生产，这些直接影响到沼气发酵研究的进展，也是影响沼气池产气率提高不快的重要原因。

产甲烷菌及其生理特性如下：

在沼气发酵过程中，甲烷的形成是一群生理上高度转化的古细菌——产甲烷菌所引起的，产甲烷菌包括食氢产甲烷菌和食乙酸产甲烷菌，它们是厌氧消化过程食物链中的最后一组成员，尽管它们具有各种各样的形态，但它们在食物链中的地位使它们具有共同的生理特性。它们在厌氧条件下将前三类菌群细菌代谢终产物，在没有外源电子受体的情况下，把乙酸、氢气、二氧化碳转化为气体产物——甲烷和二氧化碳，使有机物在厌氧条件下的分解作用得以顺利完成。

产甲烷菌具有如下特点：

(1)产甲烷菌的生长要求严格厌氧环境。甲烷细菌都是专性严格厌氧菌，对氧非常敏感，遇氧后会立即受到抑制，不能生长、繁殖，甚至死亡。

(2)产甲烷菌食物简单。甲烷细菌的能源和碳源物质主要有 H_2/CO_2、甲酸、甲醇、甲胺和乙酸等。

(3)产甲烷菌适宜生长在 pH 值中性条件。pH 值变化可能会出现酸化或液料过碱，前者较为多见，这样会严重影响甲烷细菌的活动，甚至使发酵中断。

(二)沼气发酵微生物的相互关系

在沼气发酵过程中，不产甲烷菌与产甲烷菌相互依赖，互为对方创造维持生命活动所需的物质基础和适宜的环境条件；同时又相互制约，共同完成沼气发酵过程。它们之间的相互关系主要表现在下列几个方面。

1. 不产甲烷菌为产甲烷菌提供营养

原料中的碳水化合物、蛋白质和脂肪等复杂有机物不能直接被产甲烷菌吸收利用，必须通过不产甲烷菌的水解作用，使其形成可溶性的简单化合物，并进一步分解，形成产甲烷菌的发酵基质。这样，不产甲烷菌通过其生命活动为产甲烷菌源源不断地提供合成细胞的基质和能源。另一方面，产甲烷菌连续不断地将不产甲烷菌所产生的乙酸、氢和二氧化碳等发酵基质转化为甲烷，使厌氧消化中不致有酸和氢的积累，不产甲烷菌也就可以继续正常的生长和代谢。由于不产甲烷菌与产甲烷菌的协同作用，使沼气发酵过程达到产酸和产甲烷的动态平衡，维持沼气发酵的稳定运行。

2. 不产甲烷菌为产甲烷菌创造适宜的厌氧环境

在沼气发酵启动阶段，由于原料和水的加入，在沼气池中随之进入了大量的空气，这显然对产甲烷菌有害的，但是由于不产甲烷菌类群中的好氧和兼氧微生物的活动，使发酵液的氧化还原电位不断下降（氧化还原电位越低，厌氧条件越好），逐步为产甲烷菌的生长创造厌氧环境。

3. 不产甲烷菌为产甲烷菌清除有毒物质

在以工业废水或废弃物为发酵原料时，其中往往含有酚类、苯甲酸、氰化物、长链脂肪酸和重金属等物质。这些物质对产甲烷菌是有毒害作用的。而不产甲烷菌中有许多菌能分解和利用上述物质，这样就可以解除对产甲烷菌的毒害。此外，不产甲烷菌发酵产生的硫化氢可以与重金属离子作用，生成不溶性的金属硫化物而沉淀下来，从而解除了某些重金属的毒害作用。

4. 不产甲烷菌与产甲烷菌共同维持环境中适宜的酸碱度

在沼气发酵初期，不产甲烷菌首先降解原料中的淀粉和糖类，产生大量的有机酸。同时，产生的二氧化碳也部分溶于水，使发酵液的酸碱度（pH 值）下降。但是，由于不产甲烷菌类群中的氨化细菌迅速进行氨化作用，产生的氨（NH_3）可中和部分有机酸。同时，由于产甲烷菌不断利用乙酸、氢和二氧化碳生产甲烷，而使发酵液中有机酸和二氧化碳的浓度逐步下降。通过两类群细菌的共同作用，就可以使 pH 值稳定在一个适宜的范围。因此，在正常发酵的沼气池中，pH 值始终能维持在适宜的状态下而不用人为的控制。

（三）沼气发酵微生物的特点

沼气发酵微生物具有以下特点：

（1）分布广，种类多。上至万米高空，下至千米地层深处，都有微生物的踪迹。目前，已被人们研究过的微生物有 3 万 ~4 万种之多。沼气微生物在自然界中分布也很广，特别是在沼泽、粪池、污水池以及阴沟污泥中存在有各种各样的沼气发酵微生物，种类达200～300种，它们是可利用的沼气发酵菌种的源泉。

（2）繁殖快，代谢强。在适宜条件下，微生物有很高的繁殖速度。产酸菌在生长旺盛时，20min或更短的时间内就可以繁殖一代，产甲烷菌繁殖速度较慢，约为产酸菌的1/15。微生物所以能够出现这样高的繁殖速度，主要因为它们具有极大的表面积和体积比值，例如，直径为1μm的球菌，其表面积和体积的比值为6万，而人的这种比值却不到1。所以，它能够以极快的速度与外界环境发生物质交换，使之具有很强的代谢能力。

（3）适应性强，容易培养。与高等生物相比，多数微生物适应性较强，并且容易培养。在自然条件下，成群体状态生长的微生物更是如此。例如，沼气池内的微生物（主要是厌氧和兼氧两大菌群）在10～60℃条件下，都可以利用多种多样的复杂有机物进行沼气发酵。有时经过驯化培养后的微生物可以加快反应，从而更有效地达到生产能源和保护环境的目的。

二、沼气发酵过程

沼气发酵又称为厌氧消化、厌氧发酵和甲烷发酵，是指有机物质（如人畜家禽粪便、秸秆、杂草等）在一定的水分、温度和厌氧条件下，通过种类繁多、数量巨大且功能不同的各类微生物的分解代谢，最终形成甲烷和二氧化碳等混合性气体（沼气）的复杂生物化学过程。在这一过程中，发酵原料中的碳元素除形成微生物细胞物质外，一部分被彻底氧化成二氧化碳，另一部分被高度还原成甲烷。二氧化碳和甲烷都是稳定的碳化合物。因此，在沼气发酵中，碳元素的氧化还原过程进行的是较为彻底的。在自然界中，几乎所有的有机物，如各种农作物秸秆、青杂草、蔬菜茎叶、人畜粪便、生活污水、垃圾、下水道污泥、工厂和农村的有机废弃物等都可以通过微生物的厌氧消化生成沼气。各种各样的有机物质不断地被分解代谢,就构成了自然界物质和能量循环的重要环节。科研测定和分析表明,有机物约有90%被转化为沼气,10%被沼气微生物用于自身的消耗。

(一)沼气发酵的三个阶段

发酵原料生成沼气是通过一系列复杂的生物化学反应来实现的。一般认为这个过程大体上分为水解、产酸、产甲烷三个阶段(图2-2),水解阶段和产酸阶段被称为不产甲烷阶段,也有把这两个阶段简称为产酸阶段。

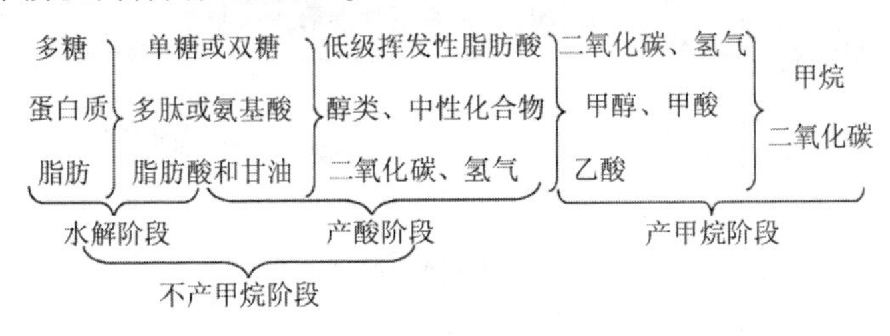

图2-2 沼气发酵的三个阶段

1. 水解阶段

各种固体有机物通常不能进入微生物体内被微生物利用,必须在好氧和厌氧微生物分泌的胞外酶、表面酶(纤维素酶、蛋白酶、脂肪酶)的作用下,将固体有机质水解成分子量较小的可溶性单糖、氨基酸、甘油、脂肪酸。这些分子量较小的可溶性物质就可以进入微生物细胞内被进一步分解利用(图2-3)。

水解阶段是有机物通过水解反应完成的。这些水解反应大多需要能量,而不能为微生物提供能量。所以,水解阶段被认为是沼气发酵的限速阶段。固形有机物水解的快慢直接影响沼气生成的速度,其水解程度也直接影响沼气的产量。大多数沼气发酵原料,尤其是各种农业废弃物,其固形有机物含量高,可溶性成分少,因此,在沼气发酵的实际应用中,必须采取某些预处理的方法来加快水解阶段的进行和提高水解的程度，这样便可以加速整个发酵过程并增加沼气产量。在我国农村，常将作物秸秆切碎或粉碎，并进行一定程度的堆沤处理后入池发酵，这样可以加快分解的速度和程度。某些工业废水如酒精废液、合成脂肪酸废水等，其中的可溶性有机物较多，在入池发酵前已完成了水解阶段。因此，它们的发酵速度较快，滞留期可以缩短至几十小时甚至数小时，因而可以获得很高的沼气产率。

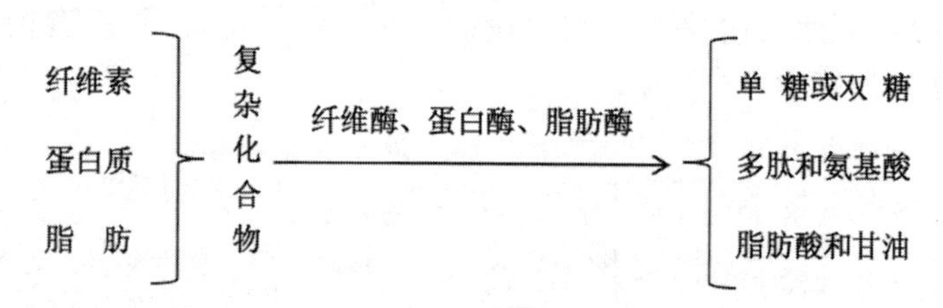

图 2-3 水解阶段

2. 产酸阶段

各种可溶性物质（单糖、氨基酸、脂肪酸），在纤维素细菌、蛋白质细菌、脂肪细菌、果胶细菌胞内酶作用下继续分解转化成低分子物质，如丁酸、丙酸、乙酸以及醇、酮、醛等简单有机物质。同时也有部分氢（H_2）、二氧化碳（CO_2）和氨（NH_3）等无机物的释放。但在这个阶段中，主要的产物是乙酸，约占 70% 以上，所以称为产酸阶段（图 2-4）。参加这一阶段的细菌称之为产酸菌。

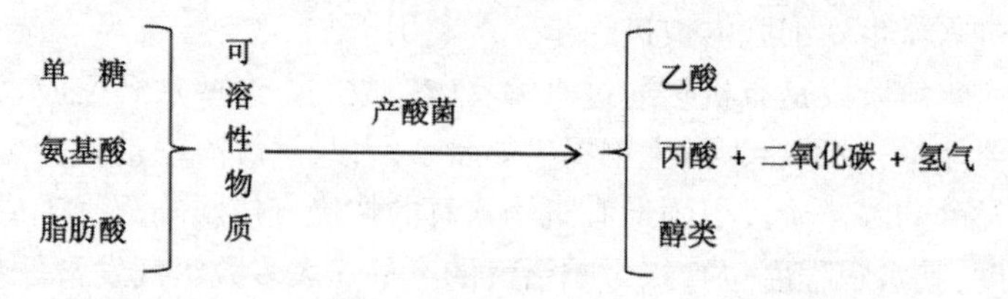

图 2-4 产酸阶段

上述两个阶段是一个连续过程,通常称之为不产甲烷阶段,它是复杂的有机物转化成沼气的先决条件。

3. 产甲烷阶段

由产甲烷菌将第二阶段分解出来的乙酸等简单有机物分解成甲烷和二氧化碳,其中,二氧化碳在氢气的作用下还原成甲烷。这一阶段叫产气阶段,或叫产甲烷阶段(图 2-5)。

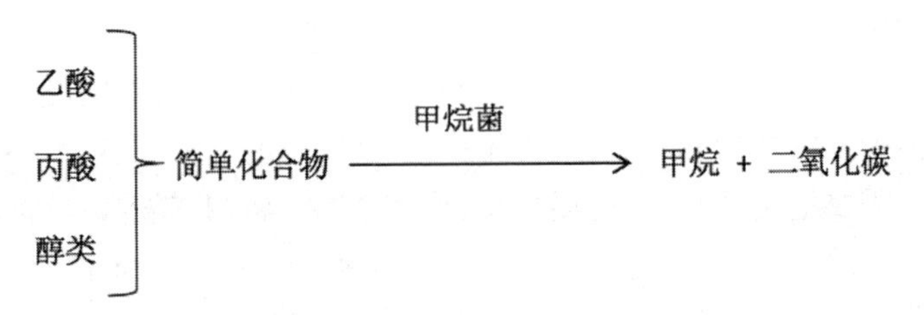

图 2-5　产甲烷阶段

沼气发酵的三个阶段是相互衔接的。它们之间保持着动态平衡,从而使发酵物不断分解,沼气不断产生。研究和实践中发现,沼气发酵微生物对环境的变化是很敏感的,某些环境因素的变化会使发酵平衡受到影响甚至遭到破坏。如一次加料过多或料液浓度突然变化,造成沼气池出现“超负荷”;温度突然发生变化,如每天温度变化超过 2℃;料液成分发生变化,过酸过碱或混入某些有毒物质。当发酵平衡遭到破坏时,通常可从下面一些指标反映出来:沼气产量发生变化,通常是产气量突减或不产气;沼气成分发生变化,甲烷含量减少,二氧化碳、硫化氢等气体含量增加;料液 pH 值发生变化,出现 pH 值<6.5 或 pH 值>8 的现象;挥发酸浓度或氨态氮浓度发生变化;碱度(发酵液吸收质子的能力)发生变化。

沼气微生物对环境有一定的适应能力,因此,环境因素的变化只要不超过一定的范围,即使平衡被打破,也只是暂时的,经过一定时间的自我调节又可以达到新的平衡。在这种情况下,不要进行人为的调节。但如果环境因素的变化超过了微生物的承受能力,则平衡的破坏不能自我恢复,必取采用人工调节措施。我国农村的大多数沼气池采用半连续发酵或批量发酵,原料中又含有大量含沼气微生物很少的作物秸秆类原料。因此,在投料时必须加入大量含有甲烷菌的接种物,才能使其尽快达到三个阶段的平衡,及早产气和用气。目前,许多地方在农村沼气池投料时普遍不重视接种物的数量和质量,致使不少沼气池长期不产气或产气不多。

需要指出的是,为简便起见,许多资料常将沼气发酵过程概括为两个阶段,并由此也将沼气发酵微生物相应的分为不产甲烷菌和产甲烷菌两大类。对此,不论将沼气发酵过程分为两个阶段还是3个阶段,目前虽看法不同,但这仅仅是划分上的区别。然而,不少学者认为将沼气发酵分为酸(液)化阶段和气化阶段的提法是不确切的。因为酸化阶段的产物并非仅仅是酸,而气体也并非是在气化阶段才产生的。这两个阶段不能截然分开,而是彼此交替同时进行的。

(二)沼气发酵的特点

与有机物在好氧条件下分解代谢相比,沼气发酵具有以下5个特点:

(1)沼气微生物自身耗能少。在有机物分解代谢为沼气的过程中,沼气微生物获得能量和物质以满足自身生长繁殖的需要。在基质相同的情况下,厌氧消化所释放的能量仅为好氧分解释能的1/30~1/20。

(2)沼气发酵可处理高浓度的有机物。好氧条件下,一般只能处理化学需氧量(COD)在1 000mg/L以下的有机废水,而沼气发酵处理废水COD含量可高达10 000mg/L以上。例如,酒糟废水 COD 含量通常为 30 000～50 000mg/L，这种废水可以不经稀释直接进行沼气发酵。除处理各种废水外，采用沼气发酵方法还可处理固形物含量较高的农业废物和城市垃圾。研究表明，当沼气发酵液的总固体含量低于 40% 时，沼气发酵都可以正常进行。

(3)沼气微生物对营养要求低，可处理的废物种类多。沼气微生物对营养物的要求宽泛，除下水道污泥和各种农业废物以外，酒厂废液、合成脂肪酸废水、皮革污泥等都可用来进行沼气发酵。但沼气发酵通常只能去除 90% 以下的有机物，因此各种发酵液尚需进行再处理才能达到国家排放标准。

(4)沼气发酵受温度影响大。温度与沼气发酵关系十分密切，在 10～60℃内，沼气发酵均能正常进行，在此温度范围，一般温度愈高，微生物活动愈旺盛，沼气产量愈高。由于沼气发酵微生物中高温和中温菌群代谢能力强，因此欲缩短滞留期，必须给沼气池输送热量。鉴于温度对发酵的制约作用，一般大中型沼气工程中均采用恒定温度发酵。我国北方地区冬季寒冷，气温低时，需对农村沼气池采取保温增温措施，以确保沼气发酵正常进行。

第三节　沼气发酵原料

沼气发酵原料是沼气微生物赖以生存的物质基础，也是沼气微生物进行生命活动和产生沼气的营养物质。各种农业废弃物，如猪、马、牛、羊、鸡等畜禽粪便，各种农作物的秸秆、杂草、树叶等，以及农产品加工的废料、废物，如酒精废醪、丙酮丁醇废醪等，味精、柠檬酸、淀粉、豆制品等加工的废水等都是良好的沼气发酵原料，或者说各种有机废物、废水都可以用厌氧消化方法来进行处理。目前，城市有机垃圾及生活污水的厌氧消化处理技术也正在发展之中。

一、沼气发酵原料的类型

沼气发酵原料按其物理形态分为固态原料和液态原料两类，按其营养成分可分为富氮原料和富碳原料，按其来源分为农村沼气发酵原料、城镇沼气发酵原料和水生植物等。

富氮原料通常是指富含氮元素的人、畜和家禽粪便等原料，这类原料经过了人和动物肠胃系统的充分消化，一般颗粒细小，含有大量低分子化合物——人和动物未吸收消化的中间产物，含水量较高。因此，在进行沼气发酵时，它们一般不必进行预处理，就容易厌氧分解，产气很快，发酵期较短。

富碳原料通常是指富含碳元素的秸秆和谷壳等农作物的残余物，这类原料富含纤维素、半纤维素、果胶以及难降解的木质素和植物蜡质。干物质含量比富氮的粪便原料高，且质地疏松，比重小，进沼气池后容易漂浮形成发酵死区——浮壳层，发酵前一般需经预处理。富碳原料厌氧分解比富氮原料慢，产气周期较长。

发酵原料的性质取决于各种原料的理化性质，从而决定了各自适宜的消化工况、发酵时间和沼气产率的不同。根据原料的溶解性和固形物含量的高低，可将发酵原料划分为若干范围（表2-3）。一般可溶性废水容易消化，有机物分解率可达90%以上，如酒醪及丙酮丁醇废醪的滤液、豆制品废水、啤酒废水及柠檬酸废水等。低、中固体含量的原料一般所含固体物较细碎，纤维素和木质素含量较低，也较容易分解，通常经沼气发酵后的分解率在60%以上。高固体低木质的原料多含大量纤维素，分解周期长，高固体高木质的原料难以厌氧消化，适宜采用热解工艺制造燃气。有些原料可以通过粉碎加工及加水稀释后，使高固体原料变为中固体原料，或中固体原料变为低固体原料再进行厌氧消化。

表 2-3 根据溶解性和固形物含量划分的沼气发酵原料类型

类 型	固形物含量(%)	举 例
可溶性	<1	酒醪滤液、豆制品废水
低固体	1~5	酒醪、丙丁醪、畜禽圈舍冲水
中固体	6~20	牛粪、马粪
高固体低木质	>20	玉米秸秆、生物质垃圾
高固体高木质	>20	杂白杨、锯末

二、沼气发酵原料的评估和计量

为了准确而有效地评价和计量发酵原料或有机废水中有机物的含量，以及各种发酵原料的沼气产量，常用如下指标对原料进行评价和计量。

(一)总固体(TS)

总固体又称为干物质。将一定量的原料在103~105℃的烘箱内，烘至恒重，就是总固体，它包括可溶性固体和不可溶性固体，因而称为总固体。原料中的干物质含量常用百分率来表示，其计算方法如下：

$$原料总固体含量(\%)=\frac{W_2}{W_1}\times 100$$

式中 W_1 为烘干前样品质量，W_2 为烘干后样品质量，即干物质质量。

液体样品中干物质含量，可用mg/L或g/L表示，其计算方法如下：

$$原料总固体含量(mg/L)=\frac{样品干重(mg)\times 1000}{水样体积(mL)}$$

(二)悬浮固体(SS)

悬浮固体是指水中不能通过滤器的固形物。它既可以通过从总固体和溶解性固体之差得到,又可通过直接测定,即用坩埚或定量滤纸过滤水样,再将滤渣于103～105℃烘干称重而得出。通过悬浮固体的测定可以查明水中不溶性固体的含量,通常用g/L或mg/L来表示。

(三)挥发性固体(VS)及挥发性悬浮固体(VSS)

在总固体或悬浮固体中,除含有灰分外,还常夹杂有泥沙等无机物,可将测得的TS或SS进一步放入马弗炉内,于550±50 ℃的条件下灼烧1h,此时TS或SS中所含的有机物全部分解而挥发,一般挥发掉的固体视为有机物,残留物成为灰分。碳酸盐和铵盐在灼烧时也会分解放出CO_2和NH_3,所以实际上也有少量无机物挥发掉。VS及VSS含量常用百分率表示:

$$VS(\%)=\frac{TS-灰分}{TS}\times 100$$

水中的VSS含量常用来表示生物有机体的含量,一般用g/L或mg/L来表示:

$$VSS=\frac{(W_1-W_2)\times 1000}{水样体积(mL)}$$

式中W_1为蒸发皿和悬浮固体重量,g;W_2为蒸发皿和悬浮固体灼烧后重量,单位为g。

(四)化学需氧量(COD)

化学需氧量是指在一定条件下,水中的有机物与强氧化剂重铬酸钾作用时所消耗的氧的量。用重铬酸钾作为氧化剂时,水中的有机物几乎可以全部被氧化,这时所消耗的氧的量即称为化学需氧量(Chemical Oxygen Demand),简称COD。化学需氧量可以较为准确地反映水中有机物的总量,特别是在水中的有机物浓度较低时更是如此。COD常以1L水中所消耗氧的量来表示,其单位为mg/L。

化学需氧量的测定原理为一定量的重铬酸钾($K_2Cr_2O_7$),在强酸溶液中将水样中的有机物氧化,过量的重铬酸钾以亚铁灵为指示剂,用硫酸亚铁铵回滴,根据所用硫酸亚铁铵的量可算出水中有机物所消耗氧的量。其反应式如下:

$$K_2Cr_2O_7 + 4H_2SO_4 + 6H \rightarrow Cr_2(SO_4)_3 + K_2SO_4 + 7H_2O$$

$$K_2Cr_2O_7 + 6FeSO_4 + 7H_2SO_4 \rightarrow K_2SO_4 + Cr_2(SO_4)_3 + 3Fe_2(SO_4)_3 + 7H_2O$$

其计算公式如下:

$$COD(O_2, mg/L) = \frac{(V_0 - V_1) \times N \times 8 \times 1000}{V_2}$$

式中,N 为硫酸亚铁铵标准液摩尔浓度;V_0 为空白样消耗的硫酸亚铁铵标准液体积,mL;V_1 为样品消耗的硫酸亚铁铵标准液体积,mL;V_2 为样品体积,mL;8 为 1/4 mol 氧气的质量($Fe^{2+} \rightarrow Fe^{3+}$ 耗 1/4mol 氧)。

本法可将大部分的有机物氧化,但对直链烃、芳香烃、苯等化合物不能被氧化。此外,水中的亚硝酸盐、亚铁盐、硫化物等在测定过程中也可被氧化。

理论的化学需氧量可根据化学方程式求得,例如,含有300mg/L葡萄糖溶液的理论耗氧量可按如下方法计算:

$$C_6H_{12}O_6 + 6O_2 \rightarrow 6CO_2 + 6H_2O$$

分子量:180　　6×32 = 192

$$180:192 = 300:X$$

$$X = \frac{192 \times 300}{180} = 320\ mg/L$$

1gCOD 经厌氧消化后可产生多少甲烷呢?假定在厌氧消化过程中有机物全部转化为沼气,而没有细胞物质形成,可以葡萄糖为例根据下式进行计算:

$C_6H_{12}O_6 + 6H_2O \rightarrow 6CO_2 + 24[H]$

$24[H] + 6O_2 \rightarrow 12H_2O$

即1mol(180g)葡萄糖耗氧6mol(192g)

$C_6H_{12}O_6 \rightarrow 3CH_4 + 3CO_2$

1mol葡萄糖经厌氧消化可产甲烷3mol。这样1gCOD的产甲烷量 $=\frac{3\times22.4}{192}=0.35L$，即1kgCOD可产甲烷 $0.35m^3$（任何一种气体在标准状态下1g气体体积均为22.4L）。

如果按照所产沼气中甲烷含量为60%计算，则1kgCOD的沼气产量为 $0.583m^3$，而实际上消耗1kgCOD只有 $0.45 \sim 0.50m^3$ 沼气产生。

（五）生化需氧量（BOD）

在有氧的条件下，由于微生物的活动，将水中的有机物氧化分解所消耗的氧的量，称生化需氧量（Biochemical Oxygen Demand），简称BOD，通常是在20℃温度下，经5d培养后所消耗的溶解氧的量，用 BOD_5 表示。BOD_5 常用来表示可被微生物分解的有机物的含量。

COD和BOD是目前国际上普遍应用的用来间接表示水中有机物浓度的指标，它们都是利用氧化有机物的原理对水中有机物含量进行测定。一般同一水样的BOD和COD的比值，可以反映水中有机物易被微生物分解的程度。由于微生物在代谢有机物时一部分有机物被氧化转换成能量，另一部分则作为营养物质合成微生物的细胞。所以，BOD_5/COD 的最大值也只有0.58。用 BOD_5/COD 值来初步评价有机物的可生物降解性，可参考表2-4所列数据。

表 2-4 BOD_5/COD 值与可生物降解性参考数据

BOD_5/COD	生物分解速度	可生物降解性	举 例
>0.4	较快	较好	乙酸、甘油、丙酮
0.4～0.3	一般	可降解	城市生活污水
0.3～0.2	较慢	较难	丁香皂、丙烯醛
<0.2	很慢	不宜生物降解	异戊二乙烯、丁苯

在应用 BOD_5/COD 值时，有些情况值得注意，如悬浮固体状有机物，在测 COD 时容易被氧化，而在测 BOD 时因其物理形态限制，数值较低，导致此值减小。实际上有机悬浮固体颗粒可通过生物吸附作用去除一部分。

三、沼气发酵原料的产气特性

发酵原料的产气特性是沼气发酵的重要技术参数，是确定发酵工艺的基础。沼气发酵原料种类很多，由于各自的化学成分不同，每种原料都有自己的产气特性，即使同一种原料，其所处因不同地区或所处发酵条件不同，其产气特性也不相同。常用沼气发酵原料的化学成分和理论产气量见表 2-5。

表 2-5 农村常用沼气发酵原料化学成分和理论产气量

发酵	1kg 发酵原料中化学成分的含量(kg)					理论产气量
原料	灰 分	木质素	类 脂	蛋白质	碳水化合物	(m^3/kg)
牛 粪	0.2713	0.3012	0.0258	0.1046	0.2704	0.3813
猪 粪	0.2244	0.1801	0.0603	0.1148	0.4204	0.5146
人 粪	0.1824	0.1452	0.0814	0.1753	0.4157	0.6008
鸡 粪	0.2084	0.1876	0.0455	0.0882	0.4703	0.5047
马 粪	0.1834	0.2401	0.0283	0.0946	0.4536	0.4737
玉米秆	0.0830	0.1811	0.0463	0.0633	0.6263	0.5984
麦 草	0.1051	0.2021	0.0234	0.0298	0.6396	0.5426
稻 草	0.1581	0.1756	0.0321	0.0316	0.6026	0.5921
水葫芦	0.1275	0.1099	0.0386	0.1176	0.6073	0.6254
水花生	0.1487	0.1307	0.0271	0.0972	0.5963	0.5815

（一）原料产气率

原料产气率是指单元原料质量在整个发酵过程中的产气量。说明一定的发酵条件下（温度、浓度、时间、酸碱度等），原料被利用水平的高低。原料产气率的表示方法如下：

$$原料产气率=\frac{沼气(m^3)}{总固体\ TS(kg)}$$

$$原料产气率=\frac{沼气(m^3)}{挥发性固体\ VS(kg)}$$

$$原料产气率=\frac{沼气(m^3)}{化学需氧量\ COD(kg)}$$

原料产气率可分为理论值、实验值和生产运行值。理论值是由原料的化学成分所决定的。农业废弃物的原料产气率一般约为 $0.7m^3/kgTS$；实验值是采用一定的方法在实验室测得的最大原料产气率，其值随原料种类的变化而有较大的差异，一般为理论值的70%左右；生产运行值决定于采用的工艺条件，在一般情况下小于实验值。

由于沼气发酵原料有机物质的化学成分和分子结构不尽相同，因此被微生物分解的速度和产气潜力差异很大（表2-6）。原料产气率越高，表明其利用效率越高。原料不同，其产气率不同。即使相同原料，在不同的发酵条件下，特别是在发酵温度和滞留期不同的条件下，其原料产气率也存在着较大的差异。一般来说，固体原料在沼气发酵时的分解率只有50%左右，可溶性有机物在沼气发酵中往往可去除90%以上。

表2-6　不同温度下农村常用发酵原料的产气率（$m^3/kg\ TS$）

原料名称	中温（35℃）	常温（10℃～25℃）
猪粪	0.45	0.25～0.30
牛粪	0.30	0.20～0.25
人粪	0.43	0.25～0.30
稻草	0.40	0.20～0.25
麦草	0.45	0.20～0.25
青草	0.44	0.20～0.25

（二）产气速率

所谓原料的产气速率是指在合适的发酵条件下，原料产生沼气的速度，一般以某段时间内的沼气产量占总产气量的百分数来表示。由于各种原料的化学成分和结构组成不同，产气速率差异很大。原料中易厌氧降解的物质含量越高，其产气速度就越快，反之，产气速度就越慢。产气快的原料叫速效性原料，产气慢的原料叫迟效性原料。一般来讲，富氮原料产气速度较快，产气高峰出现早，发酵30d的产气量已占发酵60d产气总量的3/4以上，其可厌氧降解的物质可以在比较短的时间里大量转化成甲烷；而富碳原料则相反，产气速度缓慢，产气高峰出现迟，发酵75d的产气量占发酵100d产气总量的3/4以上（表2-7）。但是，不是所有的富碳原料都分解缓慢，某些富碳原料分解特别快。例如，粮食和马铃薯等淀粉类物质，葡萄糖和蔗糖等单糖、双糖类物质在沼气发酵中分解特别快，投加量大往往还会使发酵体系酸化。秸秆类富碳原料的纤维束之间充满了无定形的环状化合物的聚合物——木质素。由于木质素本身很难降解，加之它环抱纤维束，严重阻碍了纤维素的降解。因此，纤维素的厌氧降解比淀粉慢得多。

表2-7　农村沼气发酵原料的产气速率

发酵原料	产气速率（占总产气量百分比 %）					产气量（m^3/kg TS）
	10d	20d	30d	40d	60d	
猪粪	74.2	86.3	97.6	98.0	100	0.42
牛粪	34.4	74.6	86.2	92.7	100	0.30
人粪	40.7	81.5	94.1	98.2	100	0.43
马粪	63.7	80.2	89.0	94.5	100	0.34
玉米秸	75.9	90.7	96.3	98.1	100	0.50
麦草	48.2	71.8	85.9	91.8	100	0.45
稻草	46.2	69.2	84.6	91.0	100	0.40
青草	75.0	93.5	97.8	98.9	100	0.44

在原料配比中,要根据原料产气率的高低和产气速度快慢,相互搭配使用,保证发酵过程中既有较高的产气量,又利于均衡产气。

四、沼气发酵原料的调配

(一)碳氮比

发酵原料的碳氮比(C/N)是指原料中有机碳素和氮素的比例关系。氮素是构成沼气微生物躯体细胞质的重要原料,碳素不仅构成微生物细胞质,而且提供生命活动的能量。因为微生物生长对碳氮比有一定要求,在沼气发酵过程中,原料的 C/N 值不断变化,细菌不断将有机碳素转化为甲烷和二氧化碳,生成沼气放出,同时将一部分碳素和氮素合成细胞物质,多余的氮素物质则将分解以 NH_4HCO_3 的形式溶于发酵液中。经过这样一轮分解,C/N 值则下降一次,生成的细胞物质死亡后又可被用作原料。从营养学和代谢作用角度看,沼气发酵细菌消耗碳的速度比消耗氮的速度要快 25 ~ 30 倍,因此,在其他条件都具备的情况下,碳氮比例配成(25 ~ 30):1 可以使沼气发酵在合适的速度下进行。如果比例失调,就会使产气和微生物的生命活动受到影响。因此,发酵原料的碳氮比不同,其发酵产气情况差异也很大,制取沼气不仅要有充足的原料,还应注意各种发酵原料碳氮比的合理搭配。常用沼气发酵原料的碳氮比见表 2-8。

沼气发酵适宜的 C/N 值范围较宽,有人认为(13 ~ 16):1 最好,也有试验说明(6 ~ 30):1 较好,一般原料的 C/N 值在(15 ~ 30):1 时,可正常发酵,一旦超过 35:1 时,产气量明显减少。根据我国科研部门和农村开展的沼气发酵的试验和经验来看,沼气发酵原料C/N值以(20 ~ 30):1 为宜。

表 2-8 农村常用沼气发酵原料的碳氮比

原料名称	碳素占原料比例(%)	氮素占原料比例(%)	碳氮比值(C/N)
鲜牛粪	7.30	0.29	25:1
鲜马粪	10.0	0.42	24:1
鲜猪粪	7.80	0.60	13:1
鲜羊粪	16.0	0.55	29:1
鲜人粪	2.50	0.85	2.9:1
鸡 粪	25.5	1.63	15.6:1
干麦草	46.0	0.53	87:1
干稻草	42.0	0.63	67:1
玉米秸	40.0	0.75	53:1
树 叶	41.0	1.00	41:1
青 草	14.0	0.54	26:1

(二)浓度

沼气发酵细菌吸收养分、排泄废物和进行其他生命活动都需要有适宜的水分。一般要求发酵料液的含水量应占总重量的90%左右。太稀或太浓对微生物生长繁殖均不利。这是因为:含水量过多,单位体积的原料产气量低,不能充分发挥沼气发酵装置有效容积的作用;含水量过低,会使发酵过程中有机酸大量积累,pH 值降低,产气受到阻碍和抑制,同时还会造成液面结壳,气泡难以释放出来,影响产气以及装置的运行安全性。

沼气发酵料液浓度的表示方法很多,例如,总固体(TS)浓度、挥发性固体(VS)浓度、COD 浓度、BOD 浓度、悬浮固体浓度等,后两种表示法通常在污水处理中应用。在沼气发酵中,只有挥发性固体才能转化为沼气,因此,挥发性固体浓度表示沼气发酵料液的浓度更为确切。但是,在农村由于挥发性固体浓度的测定比较困难,在生产上不便应用,一般都采用总固体浓度来表示和计算发酵料液的浓度,是指原料的总固体(或干物质)重量占发酵料液总重量的百分比。

国内外的研究资料表明,能够进行沼气发酵的料液浓度范围是很宽的,从1%~30%,甚至更高的浓度都可以发酵生产沼气。在我国农村,根据原料的来源和数量,沼气发酵通常采用4%~10%的发酵浓度是比较适宜的。在这个范围内,夏季由于气温高,原料分解快,发酵料液浓度可适当低一些,一般以6%为好;冬季由于气温低,应适当提高发酵料液浓度,以达到以料保温的目的,通常以10%为佳。同时,对于不同地区来讲,所采用的适宜料液浓度也有差异,一般来讲,北方地区可适当高些,南方地区可低些。总之,确定一个地区适宜的发酵料液浓度,要在保证正常沼气发酵的前提下,根据当地的不同季节和气温,原料的数量和种类来决定。合理地搭配原料,才能达到均衡产气的目的。从经济的观点分析,适宜的发酵料液浓度不但能获得较高的产气量,而且应有较好的原料转换利用率。

1. 发酵料液浓度计算

根据原料总固体,可按发酵工艺的要求,进行发酵料液浓度计算,其计算公式及方法步骤如下:

(1)求混合原料干物质总含量:

$$m_0\ (\%)=\frac{(X_1m_1+X_2m_2+\cdots X_im_i)}{(X_1+X_2+\cdots+X_i)}\times 100$$

式中 m_0 为混合原料的干物质总含量(kg);X_i 为某种原料的重量(kg);m_i 为某种原料的干物质含量(%)。

(2)求总发酵原料的含水量百分比:

$$W_0\ (\%)=\frac{(X_1W_1+X_2W_2+\cdots X_iW_i)}{(X_1+X_2+\cdots+X_i)}\times 100$$

式中 W_0 为总发酵原料的含水量百分比(%);W_i 为各种物料的自然含水量(%)。实际上,W_0 与 m_0 有以下关系:W_0 = (1 -

m_0)%，$m_0=(1-W_0)\%$。

(3)选择发酵原料的最优含水量和配水比：

$A=\frac{W_p}{m_p}$，式中 A 为发酵原料的适宜配水比；W_p 为发酵原料最优含水量(90%～96%)；m_p 为发酵原料的适宜干物质浓度(4%～10%)。

(4)混合加水量的计算：

令总发酵物料的重量 $\sum_{i=1}^{n}X_i=X_0$，则 $(X_0W_0+W)=AX_0m_0$，$W=X_0(Am_0-W_0)$，式中 W 为混合原料加水量。

2. 发酵料液产气率

料液产气率是指单位重量的发酵料液每天产生沼气的数量。其表示单位为 $m^3/(t\cdot d)$。当料液中所含原料的种类和质量(料液浓度)不同时，其产气率也不同。故料液产气率不能说明发酵原料被利用水平的高低，也不能说明沼气池(消化器)容积被利用的程度，实际应用中一般不采用料液产气率。

3. 池容产气率

池容产气率是指在一定的发酵条件下，沼气池(消化器)单位容积每天生产沼气量的多少。其表示单位为 $m^3/(m^3\cdot d)$。池容产气率说明装置利用水平的高低。由于池容产气率这一指标与沼气池的能源效益紧密联系，因此，把它作为一个沼气池的重要评价指标。但这一指标受到综合因素的影响，例如受到原料种类、入池量、沼气池容积、发酵时间、温度等。只有在这些因素基本相同的情况下，才能用这一指标评判和比较不同新池型的功能及优劣。

从技术上看，采用高温发酵的新型试验装置，其容积产气率可以达到 $3m^3/(m^3\cdot d)$ 以上。以农业废弃物为原料的沼气发酵装置，中温情况下，可达 $2m^3/(m^3\cdot d)$；采用自然温度发酵的高效户用沼气池，夏季原料充足时，也可达到 $1m^3/(m^3\cdot d)$。

(三)原料用量计算

在农村沼气生产中,经常会遇到生产一定数量的沼气需要多少发酵原料的问题。因此,掌握原料用量和产气的关系,进行相互计算,对正确指导生产是非常重要的。

(1)原料用量和产气计算:

鲜粪重量=每天产粪量×时间(d)

总固体重量=鲜粪重量×总固体百分含量

产气量=总固体重量×原料产气率=鲜料重量×总固体百分含量×原料产气率

鲜料重量=产气量/(总固体百分含量×原料产气率)

例1 某农户养猪6头(每头平均日产粪3kg,固体含量18%,干猪粪原料产气率0.25m^3/kg),所产粪便全部入沼气池发酵,日产气量多少?

解:日产气量=鲜料重量×总固体百分含量×原料产气率

$$= 6 \times 3 \times 18\% \times 0.25 = 0.81(m^3)$$

例2 某农户平均日需沼气1.5 m^3,每年有秸秆850 kg(固体含量82%,干秸秆原料产气率0.25m^3/kg),还需养猪多少头(人粪尿不计算在内)?

解:秸秆产气量=鲜料重量×总固体百分含量×原料产气率 = $850 \times 82\% \times 0.25 = 174(m^3)$

猪粪应产气=全年用气量-秸秆产气量 = $1.5 \times 365 - 174 = 373(m^3)$

每天猪粪需用量=猪粪应产气/($365 \times 0.18 \times 0.25$) = 22.7(kg)

需养猪量=22.7/3≈8(头)

(2)沼气生产转换率计算:

原来的沼气生产转换率是指沼气单位重量的发酵原料在整个沼气发酵过程中能够产生沼气的实际数量,以m^3(沼气)/kg(干物

质)表示。通过下式计算:

沼气生产转换率=沼气发酵过程的总产气量/发酵原料的总重量

例3　已知牛粪的沼气生产转换率为0.18m^3/kg,一个5口之家若需548 m^3(平均1d用气1.5m^3),全年共要投入含水量80%的鲜牛粪多少kg?

解:干牛粪重量=全年总用气量/干牛粪的沼气生产转换率

= 548/0.18 = 3044(kg)

鲜牛粪重量=干牛粪重量/牛粪的干物质含量

= 3044 /0.20 = 15220(kg)

人畜禽粪便和作物秸秆是农村沼气生产的主要原料,农村常见发酵原料的产生量见表2-9,生产1m^3沼气所需的发酵原料数量见表2-10,可供计算时参考。

表2-9　人畜禽日排粪尿量

原料种类	体　重(kg)	日产粪量(kg)	日排尿量(kg)	年产粪量(kg)	总固体(%)	挥发性固体(%)
猪	50	6.00	15	2190	18	83.9
牛	500	20.0	34	7300	17	74.0
马	500	10.0	15	3650	22	83.8
羊	15	1.50	2	548	75	-
鸡	1.5	0.10	0	36.5	30	82.2
人	50	0.50	1	182.5	20	88.4

(3)原料容积和重量换算:

在农村人工制取沼气,有时需要把物料的体积折算成重量,进行粗略的浓度计算。掌握原料体积与重量的换算关系,可以给沼气的生产带来许多方便。几种原料重量与体积的换算关系见表2-11。

表 2-10　生产 1m³沼气所需原料用量

发酵原料	含水率(%)	沼气生产转换率(m^3/kg)	生产 1 m^3沼气的原料用量(kg)	
			干重	鲜重
牛粪	83	0.18	4.46	26.21
猪粪	82	0.25	7.20	40.00
鸡粪	70	0.25	4.16	13.85
人粪	82	0.30	3.00	16.65
玉米秸	18	0.29	3.34	4.07
稻草	15	0.26	3.77	4.44
麦草	15	0.27	3.69	4.33
水葫芦	93	0.31	3.19	45.57
水花生	90	0.29	3.44	34.40

表 2-11　发酵原料体积与重量的换算

原　料	1m^3 原料的重量(t)	1t 原料的体积(m^3)
鲜牛粪	0.70	1.43
鲜马粪	0.40	2.50
鲜猪粪	0.51	1.96
鲜禽粪	0.30	3.33
羊圈粪	0.67	1.49
旧沼渣	1.00	1.00
堆沤秸秆	0.35	2.85
混合干草	0.055	18.18
大麦秸	0.038	26.32
小麦秸	0.048	20.83

第三章　农村沼气的设计施工

第一节　户用及小型沼气池

一、户用及小型沼气池的设计

沼气池是生物质通过微生物生化作用进行厌氧发酵人工制取沼气的密闭装置,其功能是满足沼气发酵工艺要求以及发酵残余物利用、沼气利用、环保与卫生、技术管理等方面的需要。因此,沼气池的质量好坏,结构和布局是否合理,直接关系到能否产好、用好、管好沼气;沼气池的建造应该做到设计合理、构造简单、施工方便、坚固耐用、造价低廉、经济实用。

(一)沼气池的分类

纵观国内外的沼气池,其种类多样,形式各异。根据它们各自的特点,我们可以将其作如下分类。

1. 按贮气方式划分

可分为水压式、浮罩式、气袋式沼气池三大类。参见图3-1、图3-2和图3-3。

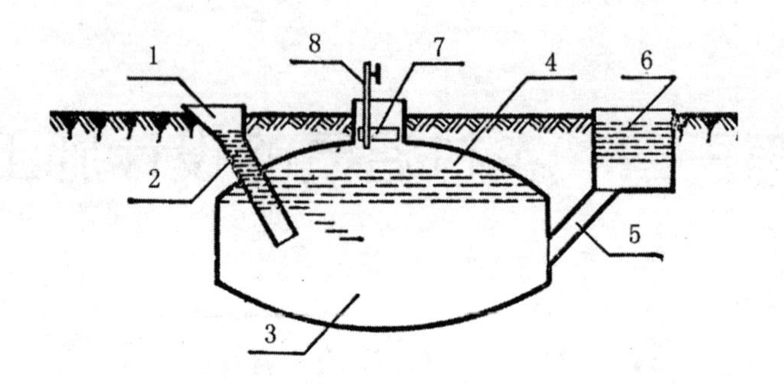

图 3-1　水压式沼气池示意图

1. 进料口 2. 进料管 3. 发酵间(料液部分) 4. 发酵间(储气部分)
5. 出料连通管 6. 出料件 7. 活动盖 8. 导气管

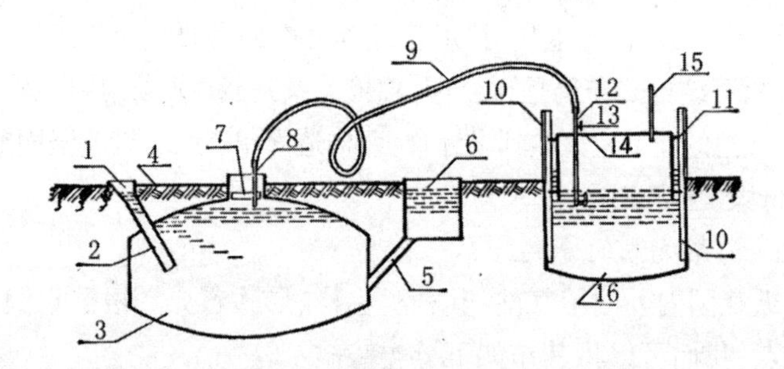

图 3-2　浮罩式沼气池示意图

1. 进料口 2. 进料管 3. 发酵间 4. 地面 5. 出料连通管 6. 出料间 7. 活动盖 8. 导气管
9. 输气管 10. 导向管 11. "U"形卡具 12. 进气管 13. 开关 14. 浮罩 15. 出气管 16. 水池

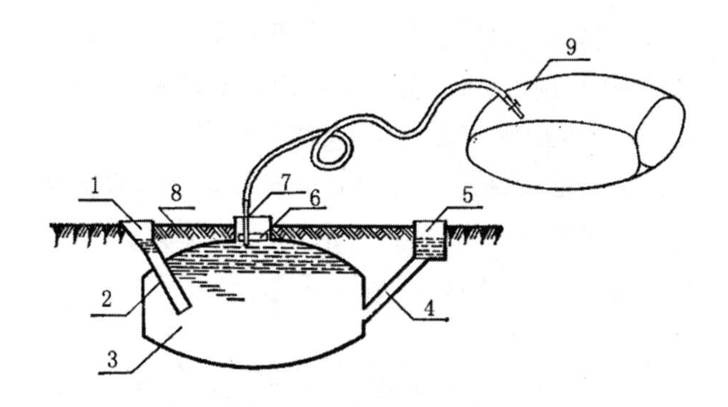

图 3-3　气袋式沼气池示意图

1. 进料口 2. 进料管 3. 发酵间 4. 出料连通管 5. 出料间
6. 活动间 7. 导气管 8. 地面 9. 气袋

水压式沼气池又可细分为侧水压式、顶水压式、分离水压式沼气池；浮罩式沼气池可细分为顶浮罩式、分离浮罩式沼气池；气袋式沼气池也可细分为有围护架气袋池、无围护架气袋池。

在实际应用中，水压式沼气池是目前我国农村主要推广应用的池型。它的发酵池由发酵间和贮气间两部分组成，以沼气发酵液液面为界，上部为贮气间，下部为发酵间。当发酵间产生的沼气逐渐增多时，气压随之升高，将发酵间的料液压至进出料间，直至内外压强平衡为止；当用户使用沼气时，池内气压减小，进出料间的料液便流回池内，以维持新的压强平衡。如此不断地产气和用气，池内外的液面差不断地变化，始终保持内外压强平衡状态，这便是水压式沼气池的工作原理。在水压式沼气池的顶部通常设置一个活动盖，活动盖可以按需要打开或关闭，是一个装配式的部件，其作用是：在进行沼气池的清除沉渣和维修时，打开活动盖，以排除池内有害气体，并便于通风、采光、安全操作；在沼气池大换料时，活动盖口可做进出料用；当遇到导气管堵塞，气压表失灵等情况,造成池内气体压力过大时,活动盖即被冲开,从而降低池内气体压力,使池体得到保护;当池内发酵液表面结壳较厚,影响产气时,可以打开活动盖,破碎浮渣层,搅动料液,以利发酵。

浮罩式沼气池,就是将发酵间产生的沼气通过浮沉式气罩贮存起来。对于小型沼气池,浮罩可直接安置于池顶,称作顶浮罩式沼气池;对于大中型沼气池,浮罩应分离放置于发酵池附近,称作分离浮罩式沼气池。

气袋式沼气池的发酵间没有贮气部分,发酵间产生的沼气通过导气管输入贮气袋贮存起来,其余构造均与水压式沼气池基本相同。

以上3种沼气池在建造和使用等方面均有优缺点(表3-1),有些属于固有矛盾,有些需要通过采取措施加以解决。

表3-1　水压式、浮罩式、气袋式沼气池优缺点

比较 分类	优　点	缺　点
水压式	构造简单,施工方便;建材选用范围广,取料容易;造价低廉,适合目前我国农村经济水平	池内沼气压力不稳定,对发酵有一定影响,致燃烧器设计有一定困难;出料间大,温度损失大;抗渗漏要求高
浮罩式	池内压强稳定,方便燃烧器设计,发酵池防渗漏要求较低	浮罩材料价格高,要求高,需相应施工吊装机具;建池成本高,钢浮罩易腐蚀,使用寿命短
气袋式	池内沼气压力较低,对沼气池防渗漏要求较低	气袋材料价格高,且易老化,使用寿命短;沼气压力低,难以满足灯炉具的额定气压要求,使用不便;需建造气袋存放设置,增大投资;防火要求高

2. 按发酵池的几何形状划分

可分为圆形池、球形池、长方形池、方形池、拱形池、椭圆形池、纺锤形池、扁球形池等。

实际应用中,我国目前农村家用沼气池除江苏、浙江两省采用球形池外,大部分省份和地区采用圆形池。中型沼气池除采用圆形池外,拱形沼气池正在逐步扩大应用。

设计和施工经验表明,埋设于地下的圆形沼气池具有如下优点。

(1)结构受力性能好。受力各阶段在池内外轴对称荷载作用下,池体各部位大部处于变压状态,池墙有些部位虽有受拉现象,但拉力应不大。这就便于采用砖、石、混凝土等抗压强度远大于抗拉强度的脆性材料建池,使结构厚度减薄,从而显著降低建池造价。

(2)节省建池材料用量。同一容积的沼气池,球形池表面积最小,圆形池表面积仅次于球形池。在容积、受力相同条件下,圆形池比长方形池表面积小 20% 左右。因此,建造圆形池的材料用量是比较节省的。

(3)施工简易。圆形池主要由削球壳和圆柱壳组成,利于标准化设计、工厂化生产、现场装配化施工。

(4)死角小。有利于甲烷菌活动,密闭问题易解决。

3. 按沼气池的埋设位置划分

可分为地上式、地下式、半地下式。一般农村户用沼气池均采用地下式。

地下式沼气池具有 4 大优点。

(1)节约用地。沼气池埋置于地下,其上可建造牲畜圈、厕所或其他建筑物,便于合理利用土地。

(2)节约建材。由于沼气池外地基土侧向压力的作用,对池体的受力十分有利,因此可减薄池墙厚度,节省材料,同时可改善和提高沼气池的稳定性。

(3)有利于沼气池的保温和防冻。

(4)管理方便。进出料可在地面上操作,便于同牲畜圈、厕所结合建池,从而给沼气池的日常管理带来很大方便。

地下式沼气池也有不足之处,主要是:

①建池增加了开挖土方量,当遇到地下水位高及流沙、淤泥等时,施工有一定困难;②太阳能利用率低。在日照时间较长的地区,地下池不便于太阳能给沼气池升温;③高地下水位地区的地下水给沼气池的保温带来一定困难。

4. 按建池材料划分

可分为砖结构池、石结构池、混凝土结构池、钢筋混凝土结构池、钢丝网水泥结构池、塑料(或橡胶)结构池、抗碱玻璃纤维水泥结构池、钢结构池等。

目前,我国农村户用沼气池大部采用砖、石、混凝土结构池,尤其是混凝土结构池已成为应用最为广泛的沼气池形。

除以上形式划分外,还可按发酵温度、原料进料方式、发酵步骤等对沼气池进行分类,在此不一一列举。

(二)沼气池的设计原则

根据多年来研究试验和生产实践经验,建设农村户用沼气池须坚持四项设计原则。

(1)技术先进,结构合理,经济耐用,便于推广。

(2)在满足发酵工艺要求的前提下,兼顾肥料、环境卫生和种植业、养殖业的管理,充分发挥沼气池的综合效益。

(3)因地制宜,就地取材,池型达到标准化。

(4)坚持三结合或“四位一体”,即沼气池与畜禽舍、厕所建在一起并相连通,或将厕所、畜禽舍、日光温室和沼气池相连通,使人畜粪便直接进入沼气池,有利于粪便管理,改善卫生环境,种植业能直接利用无公害的沼肥。

(三)沼气池的设计参数

沼气发酵工艺参数是设计沼气池的重要依据,主要参数有5项。

1.气压

沼气池的产气量与池内气压呈负相关,气压增加,产气量相应下降。这是因为生产沼气的甲烷菌对压力变化极为敏感,其正常生长和活动的静水压力在40cm水柱以下,所以沼气发酵工艺要求池内气压要保持相对稳定,且宜小不宜大。此外,作为燃烧和照明用的沼气灯炉具也要求沼气气压保持在20~60cm水柱较为适宜,气压过大或过小,对充分燃烧不利。对于水压式沼气池,考虑到水压池的工作特点,如果沼气气压过小,势必增大出料间面积,多占地。综合以上因素,我国农村家用水压池常用设计气压为8kPa;浮罩池设计气压采用2~3kPa;气袋池的设计气压采用1kPa。

2.产气率

所谓产气率是指每$1m^3$发酵液每昼夜的产气量,以m^3/m^3料液·d表示。前面已述,影响沼气产气率的因素很多。由于各地情况不一,其产气率并非固定数字。鉴于目前我国农村的产气水平,并考虑到将来的发展,一般沼气池的设计产气率采用0.15,0.20,0.25,0.30。对于不同原料、不同浓度的中、高温发酵沼气池的产气率,可据试验进行确定。

3.贮气量

水压式沼气池是靠池内带有压力的沼气将发酵料液压到出料间(大部分)和进料间(小部分)而贮存沼气,故出料间容积的大小意味着能贮存沼气的多少。浮罩池由浮罩的升降来贮存沼气;气袋池由气袋贮存沼气。贮气容积的确定与用气情况有关。目前,我国农村家用沼气池设计贮气量考虑的是能贮存12h所产的气,即昼夜产气量的一半。

4.容积

沼气池容积的确定是沼气池设计中的一个关键问题。沼气池设计过小或过大,会造成无法满足使用要求和人力物力的浪费。因此,应根据发酵原料、用户使用要求以及产气率等因素来合理确定沼气池容积。根据目前一般生活水平,我国农村每人每天平均用气量为0.2～0.3m^3,因此,户用沼气池容积可参照人数定为6～10m^3,畜禽养殖场的沼气池池容根据养殖场粪污与用气情况,可适当建设大一些,具体池容可参照公式3-1来进行计算。

5. 投料量

沼气池的最大设计投料量为沼气池净空容积的80%～90%。料液上部留有适当空间,以免导气管堵塞,并便于收集沼气;最小设计投料量以不使沼气从进出料管跑料为原则。

(四)沼气池设计的其他参数

除发酵工艺参数外,沼气池设计还有许多参数,具体设计时,可参照国家与行业有关标准:

GB T4750—2002　户用沼气池标准图集;

GB/T 4752—2002　户用沼气池施工操作规程;

NY/T 90—2014　农村户用沼气发酵工艺规程;

NY/T466—2001　户用农村能源生态工程北方模式设计施工与使用规范;

NY/T465—2001　户用农村能源生态工程南方模式设计施工与使用规范。

(五)沼气池建池规模设计与计算

1. 池容规模

农村户用沼气池的池容根据户家人数用气量确定;畜禽养殖场根据发酵原料的数量、一定温度下发酵原料在装置内停留的时间和投料浓度等工艺条件确定,沼气发酵装置的容积设计计算公式为:

$$V=\frac{b\times n\times TS\times HRT}{r\times t\times m} \qquad (公式3-1)$$

式中:b为单位畜禽每天的平均排粪量(kg、湿重);

n 为养殖畜禽的数量(头、只);

TS 为畜禽粪便原料中干物质含量的百分比(%);

HRT 为原料在池中的滞留天数(d);

r 为发酵原料浓度(%);

m 为池内装料有效容积(%);

t 为发酵料液比重(kg/m^3);

2. 几何特征

(1)几何形状及符号。以国家推广最常用的圆形水压式沼气池为例:圆形水压式沼气池的发酵池由正削球形池盖、圆柱形池墙、反削球形池底三部分组成,其几何形状见图 3-4。

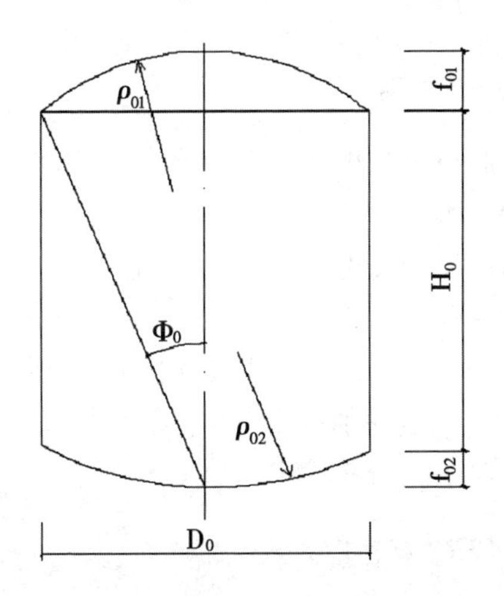

图 3-4 圆形水压式沼气池几何形状图

图中:D_0为池体净空跨度;

R_0为池体净空半径;

f_{01}为池盖净空矢高;

f_{02}为池底净空矢高;

ρ_{01}为正削球盖净空曲率半径；

ρ_{02}为反削球盖净空曲率半径；

Φ_0为池盖支座半张角；

H_0为池墙高度

(2)表面积计算。表面积指沼气池表面的面积,有内外表面之分,根据表面积即可计算建造沼气池所需的材料用量。表面积由池盖表面积 F_1、池墙表面积 F_2、池底表面积 F_3 三部分组成。下面各式表面积均指池体内表面积。对于容积较大的沼气池,由于池体各部位厚度尺寸加大,因此,要计算材料用量,应计算表面积。

由几何学得到:

$$\rho_0=\frac{D_0{}^2+4f_0{}^2}{4f_0{}^2}=\frac{R_0{}^2+f_0{}^2}{2f_0{}^2}$$

$$F_1=2\pi\rho_{01}\ \ f_{01}=\pi(R_{02}+f_{01}{}^2)$$

$$F_2=2\pi R_0\ \ H_0$$

$$F_3=2\pi\rho_{02}\ \ f_{02}=\pi(R_{02}+f_{02}{}^2)$$

$$F=F_1+F_2+F_3$$

(3)容积。沼气池的容积由池盖部分削球体净空容积 V_1、圆柱体净空容积 V_2、池底削球体净空容积 V_3 构成。由立体几何学得到:

$$V_1=\frac{\pi f_{01}}{6}(3R_0{}^2+f_{01}{}^2)$$

$$V_2=\pi R_{02}H_0$$

$$V_3=\frac{\pi f_{02}}{6}(3R_0{}^2+f_{02}{}^2)$$

$$V=V_1+V_2+V_3$$

令:池盖净空矢高 f_{01} 与池体净空跨度 D_0 之比为 $\alpha=\frac{f_{01}}{D_0}$;池墙

高度 H_0 与池体净空跨度 D_0 之比为 $\beta=\frac{f_{01}}{D_0}$；池底净空矢高 f_{02} 与池体净空跨度 D_0 之比为 $\gamma=\frac{f_{02}}{D_0}$；分别把 $\alpha\beta\gamma$ 代入上式，可分别求得：

$$V_1=\frac{\pi\alpha}{6}(0.75+\alpha^2)D_0{}^3$$

$$V_2=\frac{\pi\beta}{4}D_0{}^3$$

$$V_3=\frac{\pi\gamma}{6}(0.75+\gamma^2)D_0{}^3$$

设 $K_1=\frac{\pi\alpha}{6}(0.75+\alpha^2)$；$K_2=\frac{\pi\beta}{4}$；$K_3=\frac{\pi\gamma}{6}(0.75+\gamma^2)$，代入上式得到：

$V_1=K_1D_{03}$　　$V_2=K_2D_{03}$　　$V_3=K_3D_{03}$

则：$V=V_1+V_2+V_3=(K_1+K_2+K_3)D_{03}=K\ D_{03}$

因此，在设计沼气工程容积的时候，首先要确定 3 个系数 α、β、γ，进一步计算组合系数 K，根据沼气池的直径即可计算出沼气池的容积，也可根据沼气池的估算容积来推算计算沼气池的直径，通常圆形沼气池的 α、β、γ 经验值分别取 0.2、0.4 和 0.125，但可根据地形地质情况进行调整。

二、户用及小型沼气池的施工

沼气池的施工是建池中及其重要的一环。修建的沼气池要达到结构牢靠、不漏水、不漏气的要求，除了合理设计以外，必须按照设计图纸要求，认真细致地进行施工，确保施工质量。

(一)土方工程

1. 池坑开挖放线

沼气池坑开挖时，首先要按设计池身尺寸定位放线，放线尺寸为:池身外尺寸加2倍池身外填土层厚度(或操作场地尺寸)加2倍放坡尺寸。放坡尺寸,根据不同土质而定,参见表3-2。土质砂性较强则边坡坡度要求较大。如遇到地下水位较高时,也要求边坡坡度放大。当要求边坡坡度较大而又限于场地位置时,要注意土方的开挖对邻近房屋基础的影响,必要时要使用临时支撑。

待放位灰线划定后,在线外四角离线约1m处打下4根定位木桩,作为沼气池施工时的控制桩。在对角木桩之间拉上联线,其交点作为沼气池的中心。沼气池尺寸,以中线卦线为基准,施工时随时校验。

表3-2　不同土质挖方最大坡度

序号	名称	边坡坡度(高:宽)	说明
1	砂土	1:1	当土壤具有天然温度,构造均匀,水文地质条件良好,在无地下水时,深度在5m以内,不加支撑的基坑参考本表
2	粉土	1:0.78	
3	粉性土	1:0.67	
4	黏土	1:0.33	
5	碎石	1:0.5	
6	干黄土	1:0.25	

2. 淤泥或淤泥质土的土方工程

淤泥和淤泥质土的特点是含水量大而易淤,在挖掘土方时,会有不同程度的回淤,使池坑不易按设计尺寸成形,甚至会由于坑底土掏松或破坏而使沼气池建成后下沉,造成进出料管同池体连接处发生拉裂事故。如果坑壁侧淤,宜用适当支撑或改用沉井做池身。如坑底升淤,当回淤量过大时,挖到设计标高后,以大卵石进行地基加固处理。

3. 流砂土的土方工程

处于地下水位以下的亚砂土和粉砂土,在开挖池坑时会造成流砂土,如有相当的排水设备,使地下水位降至挖掘标高,则不会造成流砂土。

在具体施工中,如不能降低地下水位,且流砂土已形成时,则会增加土方工作量,甚至会把池底下及池坑四周的土掏松,影响建池及池旁建筑物的质量。这种情况下不宜再挖掘或改变池身的设计标高。如果能用抽水降低地下水位来开挖土方,也要注意因降低水位而对紧紧相邻的已有建筑物造成不均匀沉降的影响。

4. 土方处理

开挖土方中,坑壁要随挖随修整,尽量使其圆整。挖出的土方应堆放于离池坑远一点的地方,同时要禁止在池坑附近堆放重物,以免发生塌方。

(二)地下水处理

地下水对土方开挖及池身建造施工均有影响,因此要及时做好排水。对于地下水位较高地区建池,应尽量选择在枯水季节施工,并采取有效措施进行排水。建池期间,如发现有地下水渗出,一般采取"排、降"的方法。池体基本建成后,若有渗漏,可采取"排、降、堵"的方法,或进行综合处理。

(1)盲沟及集水坑排水。当池坑大开挖坑壁渗水时,池坑可适当放大,在池墙外侧做环形盲沟,将水引向低处,用人工或机械排出。盲沟内填入碎石瓦片,防止泥土淤塞。池墙砌筑完成后,池墙与坑壁间用黏土回填夯实,以起到防水作用。

(2)深井排水。地下水流量较大时,可在池坑 2m 以外设 1 ~ 3 个深井,井底应低于坑底 80 ~ 100cm,由池壁盲沟将水引至深井,用人工或机械抽出深井集水,使水位降至施工操作面以下。

(3)沉井排水。在高地下水位地区建池,池坑开挖时,由于水位高,土壤浸水饱和,坑壁不断垮坍,如果坑中抽水,由于坑壁内外水的压差造成坑壁外的砂子连续不断地由水带入坑内,此现象称为流砂。产生此问题后,无法继续施工。对此,可按照沉井施工原理，进行挖土排水，防止流砂和土方坍塌，以确保施工顺利。

简易的沉井方法是采用放入无底无盖的混凝土圆筒，随土方开挖，圆筒随之下沉，直至设计位置，最后向筒底填以卵石，并在集水井内不断抽水，同时浇灌混凝土池底，并填塞集水井，直至全部完成。

（三）沼气池施工

在此，重点介绍圆形和拱形沼气池施工技术要点，具体施工参见 GB/T4752—2002 户用沼气池施工操作规程。

1. 圆形沼气池施工技术

圆形沼气池施工技术，可概括分为两大类，即：砌块建池施工技术和整体建池施工技术。

第一类，砌块建池施工技术。

（1）技术特点。该施工技术在我国农村沼气池建造施工中占比例很大，具有如下特点。

特点一，可加快建池速度。利用夏秋季节建池材料资源充足的时机，预制砌块，避免冬季集中建池与农田水利工程争物资、争劳力，以达到常年备料、常年建池之目的。

特点二，适应性广。各类地基均可采用砌块建池。

特点三，混凝土块既可集中预制，也可分散生产，可以标准化、工厂化成批生产，商品化成套供应，现场装配化施工，从而保证质量，节约材料，降低成本。

特点四，施工简便，节约劳力。

（2）砌块类型。就广义而言，所谓砌块就是供砌筑用的预制块体，包括砖、料石、混凝土砌块。砌块规格和质量要满足设计图纸要求。

（3）施工要点。主要内容如下。

要点一，池底施工。

沼气池坑开挖后，要尽量防止地基土淋雨或浸泡，立即进行底部施工。当基坑表面被水浸泡或扰动破坏时,该土层必须清除。底板施工前,要按设计要求将墙基用水平器具操平,并在坑壁四周打上水平土桩,作为控制标高。按照设计图纸修整池底,然后用大卵石或碎砖、碎石铺底,前者要求石与石之间嵌紧,后者要求夯实,再在上面浇灌混凝土面层,捣固须密实。

要点二,池墙施工。

待池底混凝土强度达到50%设计强度后,即可砌筑池墙。砌筑时应注意以下4点。

砌筑前必须将混凝土、条石、砖等砌块浸水,使砌块面干内湿,以避免砌缝收缩开裂或砌块之间粘接不牢。

砌块安装须横平竖直,横缝竖缝均需砂浆饱满,并须错缝。砌完一圈后,必须用楔形小石子或砖块将砌块嵌紧。

砌块嵌紧后,再次检查竖缝是否饱满,并进行内外清缝。

注意浇水养护,避免砂浆脱水。

要点三,墙外回填土。

池墙砌体和老土间的回填土必须紧实,这是保证沼气池质量的一道重要工序。

回填土要有一定的湿度,含水量控制在20%~25%,简易测试方法是“手捏成团,落地即散”,过干过湿均难以夯实。

分层、对称、均匀、薄层夯土,每层以虚铺15cm为宜,夯至10cm。

回填土的夯实应在砌筑砌块的砂浆初凝前进行。安砌池墙与回填夯实的间隔时间,夏季不超过8h,冬季不超过6h,更不得过夜。

进出料管的施工和回填土应与池墙施工在同一标高处进行。

要点四,池盖支座施工。

圈梁。浇注池盖和池墙交界处的圈梁混凝土可采用两块弧形板,分别置于池墙内外侧,手扶木板,浇注低流动性混凝土,并拍紧抹光,待做成所要求的斜面后,立即脱模,移动模板,浇捣下段,依次全部完成。

支墩。在圈梁与老土之间,浇注大卵石混凝土(或浆砌块石、卵石),使池盖的水平推力均匀传至地基上。

要点五,池盖施工。

待圈梁混凝土强度达到70%设计标号后,方可进行池盖施工。采用小型砌块或砖砌筑池盖,可以不需拱架,也不用支撑,即采用无模悬砌卷拱法施工。砌筑时,应选有规则的砖,砖不宜湿透,利用砖仍能吸收砂浆中少量水分加快凝结。砌砖用混合砂浆,拌和要均匀。砌砖时灰浆应饱满。为防止未砌满一圈时砖块下落,可采用“ ┌┐ ”形临时卡具,将新砌筑的砖和已砌完的上一圈砖临时固定住,每隔一块或两块设卡具一道,也可用人工扶持最边缘的砖,或用木棒靠扶,或吊重线挂扶等简易可行的办法。待砌完一圈后,各砖块之间应用扁石子、碎瓦片嵌紧。这样,已砌完的砖便形成了开口球壳,由于壳体作用,使其能够承受一定荷载。为了保证池盖的几何尺寸,在砌筑时可采用牵线的办法加以校准,即根据设计图的曲率中心,打入木桩,钉上钉子,将细铅丝一端挂住钉子,在其上量得设计图中池盖之曲率半径,以钉子为中心,转动曲率线以控制砌筑,便可保证具有等曲率半径削球形池盖的几何形状。池盖施工简图如图3-5至图3-8所示。

砌筑池盖收口部分,用整砖砌筑不好控制,须改用半砖砌筑,厚度为11.5cm。施工过程中不允许在池盖局部施加集中冲击荷载。

要点六,密封层施工

沼气池内壁密封层施工是保证沼气池不漏水、不漏气的重要环节。根据沼气池的不同部位,采用不同的方法对沼气池密封层进行施工处理。沼气池气室一般采用7层做法。

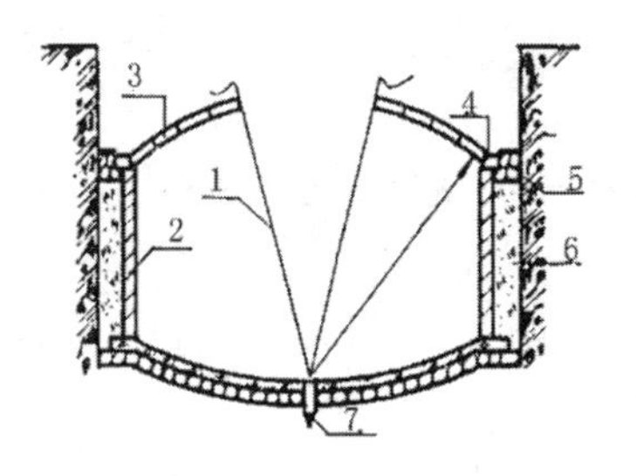

图 3-5　池盖施工

1. 池盖曲率线 2. 池墙 3. 池盖 4. 圈梁 5. 支墩 6. 回填土 7. 木桩

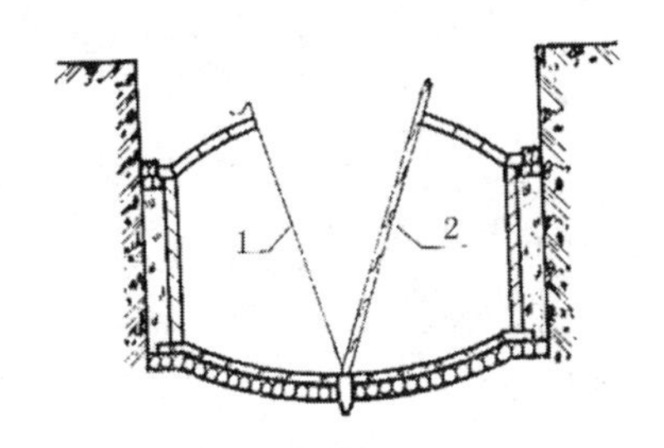

图 3-6　池盖砖块固定方法之一

1. 池盖曲率线 2. 木棒

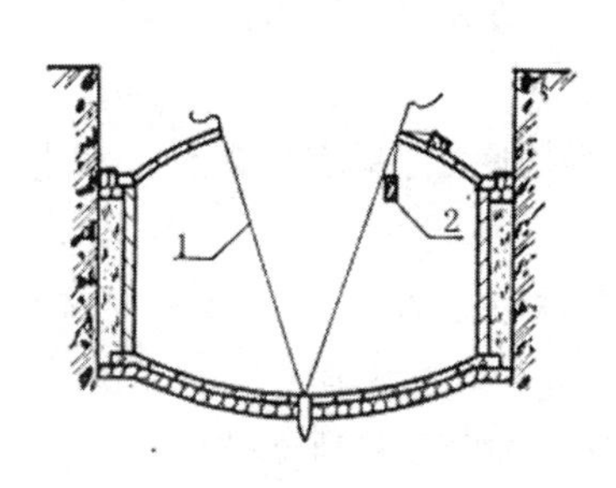

图 3-7　池盖砖块固定方法之二

1. 池盖曲率线 2. 重物

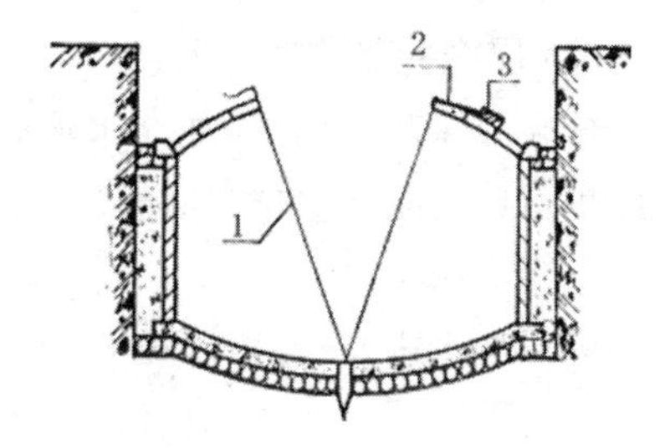

图 3-8　池盖砖块固定方法之三

1. 池盖曲率线 2. 铁钩 3. 重物

7 层密封做法如下：

基层刷浆。采用 42.5 硅酸盐水泥，灰水比为 0.3∶1，在池内贮气箱、进料管部位刷一遍水泥浆，在刷水泥浆过程中如有起泡的地方，说明此处干燥要多刷一遍。

底层抹灰。采用 1∶2.5 水泥砂浆，抹厚度为 0.8～1cm，边抹边找平，使池体严密。

素灰层。底层抹灰后立即抹一层素灰，厚度不超过 0.1cm 为宜。

砂灰层。素灰层施工结束后抹一层 1∶2 水泥砂浆，厚度 0.4cm，要抹平压实。

抹素灰层。砂灰层抹完后再抹一层素灰，厚度不超过 0.1cm 为宜。

砂灰层。素灰层抹完后，进行面层抹灰，用 1∶1 水泥细砂灰，抹厚度为 0.3～0.4cm，要反复压光。以上 6 层须在 12h 内完成。

刷素灰浆。面层抹灰结束后，每隔 4～8h 刷素灰浆 1 遍，共刷 3 遍，具体要求第 1 遍横刷，第 2 遍竖刷，第 3 遍横刷。

池底、池壁、水压间、出料通道等一般采用三层做法。

3 层密封做法如下所述：

底层抹灰。用 1∶2.5 水泥砂浆抹底层，厚度为 0.5cm，此层抹灰与贮气间底层抹灰同步进行。

面层抹灰。用 1∶1 水泥细砂灰抹厚度为 0.4cm，要与气箱面层抹灰同步进行，要反复抹平、压光，不能出现砂眼。

面层刷灰浆 2～3 遍。具体刷法可与贮气箱刷灰浆同步操作，刷灰浆不仅能提高密封效果，又兼起对池体养生作用，同时又能对整体池内各部位进行检查，如出现砂眼，要反复刷好，抹灰刷浆每道工序要做到“薄”“匀”“全”，要压实抹光。

密封层施工操作要求如下。

施工时，务必做到分层交替抹压密实，以使每层的毛细孔道大部分切断，使残留的少量毛细孔无法形成联通的渗水孔网，保证防水层具有较高的抗渗防水性能。

施工时应注意素灰层与砂浆层应在同一天内完成。即防水层的前两层基本上连续操作，后两层连续操作，切勿摸完灰放置时间过长或次日再抹水泥砂浆。

素灰抹面,素灰层要薄而均匀,不宜过厚,否则造成堆积,反而降低粘结强度容易起壳。抹面后不宜干撒水泥粉,以免灰层厚薄不均影响粘结。

水泥砂浆揉浆,用木抹子来回用力压实,使其渗入素灰层。

水泥砂浆收压时,水泥不宜过湿,收压分两道工序,第一道收压表面粗毛,第二道收压表面要细毛,使砂浆密实,强度高且不起砂。

第二类,整体建池施工技术。

整体建池即整体现浇混凝土,施工技术要点如下。

(1)大开挖池坑时,要求池坑按设计图纸尺寸修挖圆直。池底现浇与砌块建池相同。池墙和池盖现浇混凝土,要求模板尺寸准确并具有足够的刚度,并在模板的外表面做好隔离层。混凝土要搅拌均匀,要控制水灰比。为便于操作,在混凝土内加入减水剂是较好的方法。混凝土注入模板内,要求捣固密实,不允许有蜂窝麻面现象,确保质量。

(2)若采用就地抽槽(即土胎模)浇注混凝土,要求土模尺寸准确,修筑整齐,厚度基本一致,在捣固时决不允许钢扦与胎模接触,否则胎模之土落入混凝土中造成隐患,影响质量。在中心取土时,一定要待混凝土强度达到设计标号的70%后,方可进行。另外,需注意不要用镐或锄头碰动池盖,以免池盖受集中动力荷载敲击而引起池盖垮塌,造成伤亡事故。

(3)加强池体浇水养护,以便混凝土强度充分发挥。

(4)沼气池内壁密封层施工和砌块建池相同。在抹灰前,全池内壁清洗干净,方可刷浆和抹灰。

2. 拱形沼气池的施工技术

(1)池址选择。拱形沼气池在进行池址选择时,除考虑前述圆形池原则外,重点要尽量选择地基比较均匀的地带,否则会因地基土不均匀沉降引起池体拧裂。在不均匀地基上面建池时，要对地基进行认真处理，使其变形一致。

(2)施工要点。如下所述。

沼气池可采用大开挖施工，也可采用土胎模施工池盖，然后从两端取土。后者节约模板值得推荐。为保证沼气池的几何尺寸，应事先做好池盖、池底拱形模架，以便随时检查。施工中应注意，一定要待池盖(可用砖砌或混凝土)和蹬脚(可用浆砌卵石、块石或现浇混凝土)达到设计强度的70%以后，方能从两端取土，然后进行池底施工，最后进行端墙施工。

大开挖施工拱形池时，为节约模板，对于拱形池盖，不必满铺模板，可分段浇注或砌筑。待达到一定强度(以50%设计强度为宜)时，将拱形模板水平移动，再浇注或砌筑第二段，直至全部。但须注意，采用混凝土整浇池分段施工，两段之间应做好拉毛处理，以免新老混凝土粘结不牢，影响池盖施工质量。

拱形池墙外，可用砖砌筑或现浇混凝土。对于后者，两边的模板可用砖砌胎模，然后用低标号水泥砂浆抹面作为隔离层。待混凝土达到一定强度后，便可拆模。需要注意，端墙回填土质量一定要保证，而且要在端墙达到设计强度后方可进行。

在进行池内壁密封层施工时，除前面所述外，还需注意在池盖、池底交接处应局部加厚成圆弧形。

拱支座是受力的重要部位，必须确保工程质量。对于松软地基或承载力较低的地基应设置计算需要的若干钢筋混凝土、水平拉杆，甚至用预应力钢筋混凝土拉杆(视计算而定)，其拉杆可先预制后再局部现浇节点。如果在地基土质较好，以及地下水位较低，池容积不大，所产生水平推力不大的情况下，可根据计算要求，在边梁和墙基土之间用浆砌卵石(或块石)或浇注大卵石混凝土，以加大地基土承压面，使其具有足够的地基强度储备。施工中注意混凝土必须浇注密实,并与地基紧密结合,并在池盖受力面层做好排水措施,以防雨水浸透,影响地基承载能力。关于钢筋混凝土拉杆或预应力钢筋混凝土拉杆的施工可参见国家有关标准和规范。

(四)沼气池的施工操作安全要求

(1)挖池坑时要掌握土质情况。在松软地块挖池要留有一定的坡度,避免塌方。挖出的松土要远离池子,防止建池人员脚踩松土滑入坑内。

(2)沼气池不能建在紧靠公路和车辆可行驶的土路上。以防重型车辆通过震损或压伤池子。也不能建在距建筑物太近的地方,防止挖池坑时建筑物倒塌。

(3)要严格按照施工安全规则进行施工。确保安全生产,严禁违章施工、酒后施工。夏天施工要避开高温,保持池内通风、降温,以防中暑;低温期间施工,做好防冻工作,防止冻伤池体。

(4)采取模板法整体现浇池盖时。一定要待池盖强度达到70%以上时,方能进行去除模板。

(5)未完工的沼气池四周要设警示标志,拉警示绳。完工的沼气池进、出料口一定要加盖混凝土预制板或石板,进、出料口打开时,切勿让小孩在池边玩要,进、出料口要立即盖好盖板,以防人、畜掉入池内。

(6)保养期未达到要求的新建沼气池不得进料封池。严禁用焦碳、煤、木炭、柴火等烘烤池壁,以防发生缺氧和煤气中毒事故。

三、沼气配件的设计与安装

(一)各配件的设计标准

(1)输气管道。输气管道最长不要超过 30m,一般控制在长 25m 以内。管道内壁和外观光滑,弯曲时不粘接、无裂缝。输气室外管内径一般选取 14mm 的硬塑管,室内管一般选用内径 12mm 的 PVC 硬管或铝塑复合管。

(2)三通管、四通管、开关。内径不得小于 12mm,内壁光滑,无毛刺,开关的旋扭要灵活。输气管、三通管和开关,安装前都要放在水中作吹气检查,无漏气现象才能安装。

(3)压力表。一般选用低压盒式压力表或 U 形管压力表。目前基本都是选用低压盒式压力表,无论低压盒式压力表或 U 形管压力表,均要求玻璃管无破损,表板美观,刻度清晰明确。

(4)沼气灶。目前,常用的沼气灶有不锈钢脉冲及压电点火双眼灶与单眼灶,炉具引射管内壁要光滑;喷嘴位于引射管的正中,通气时沼气能直接射入气室;喷嘴孔口径为 2 ~ 2. 5mm,燃烧板的火孔大小均匀,无阻塞;炉具的各部分无裂缝;金属炉具的铆钉、螺钉,坚实牢固,无松动现象;空气孔的风门要灵活,热效率最低不小于 55% ,灶前压力为 800 ~ 1 600Pa。

(5)沼气灯。外观美观,气道通畅,无裂缝破损。喷嘴孔口径为 0. 5 ~ 0. 7mm。

(6)纱罩。外形完整,无破损,表面有光泽,无斑点,颜色不发黄。

(7)集水器。集水器又称气水分离器,是用来清除输气管道内积水的装置,分人工集水器和自动集水器两类。手动排水集水器是取一个磨口玻璃瓶和一个合适的胶皮塞,在塞上打两个孔,孔内插入两根内径为 6 ~ 8mm 的玻璃弯管,把胶塞塞紧玻璃瓶。两弯管水平端分别与输气管连接,当冷凝水高度接近弯管下口时,揭开瓶塞,将水倒出。自动排水集水器是指积水不需人工操作能自动排出的集水器。这种集水器不需监视积水水位和揭瓶塞倒入、扭开关放水。装好后,便可自动排积水。

(8)脱硫器。脱硫器是农村户用沼气输气系统中不可缺少的一种仪器。脱硫器由压力表、开关、脱硫瓶和脱硫剂组成。户用脱硫瓶容积一般是1.6L,脱硫瓶内装脱硫剂。脱硫剂有两种:一种为固体脱硫剂;另一种为液体脱硫剂。脱硫器主要有以下4个作用。

脱除沼气中的硫化氢(H_2S)气体。以免硫化氢对灶具及压力表和管路的腐蚀,以及燃烧不完全带来的异味而造成污染环境。

显示压强。常规应用的脱硫器上面都有一个压力表。压力表显示的数字就是沼气池中的压强大小。

开、关气体。脱硫器上面有个开关,根据需要可以打开或关闭气体通道。

防止气体回流。要求在炉具上试火,就是因为脱硫器具有防止气体回流,以免回火发生爆炸。

由于沼气脱硫器的容积有限。脱硫器使用一段时间后,脱硫剂就会变黑,失去活性,脱硫效果降低。脱硫剂也可能板结,增加沼气输送的难度,严重时会堵塞管道。因此脱硫器使用一定时间后就得更新。

(二)输气管道的安装

安装沼气池供气管路,应该严格依照国家标准《GB7637 农村家用沼气管路施工安装操作规程》。

(1)将输气管直接安装在活动盖或池盖顶部的预留孔中。预留孔下大上小,输气管应从预留孔的下端往上拉,并用黏性泥土涂抹缝隙,防止漏气。

(2)输气管的室外部分,可采用明管或地埋管。安装地埋管的好处是,不受刮风下雨的影响,塑料管也不易老化。但安装地埋管应同时安装气水分离器,气水分离器应安装在输气管道的最低处。如地埋管的表土要过往汽车、拖拉机,应加套铁管保护。安装明管,要不妨碍交通,架空部分要有支架,以防刮风时发生剧烈摆动。

(3)输气管的室内部分,应采用明管安装,以便检查和更换。软质输气管,在转角处要安装成大圆角,防止弯折和压扁管腔,阻碍沼气的流通。输气管要平整地固定在墙上,尽量避免架空安装。管道的接头要力求减少,并避免与室内电线交叉。与电线相隔的距离应保持20~30cm。

(4)压力表应安装在室内光线明亮的地方,并固定在墙上。

(5)开关要固定在墙上,做到使用安全、方便。

(三)沼气炉灶与沼气灯的安装

沼气炉灶应安放在固定灶台之上,灶台建造要注意选择在通风良好之处。

沼气灯不能挂在靠近蚊帐和堆放柴草的地方。灯与地面的距离应高于1.7m,与房顶和楼板的距离不低于1m。为了延长沼气灯纱罩寿命,应套上玻璃罩或细铁丝网,以防纱罩被飞蛾或其他物体撞破。

第二节 生活污水净化沼气池

生活污水净化沼气池是一种分散处理生活污水的装置,它采用生物厌氧消化和好氧过滤相结合的办法,集生物、化学、物理处理于一体,采用"多级发酵、多种好氧过滤和多层次净化",实现污水中多种污染物的逐级去除。

一、适用条件

该技术通常适用于冬季地下的水温能保持在5℃以上的地区,或在池上建日光温室能够升温达到这个温度的地区。该技术适用于直接处理农村生活污水,还适合处理高浓度的畜禽养殖废水和粮食加工废水。污水经处理后,能达到国家污水排放标准,可直接用于农田灌溉或排入江河水域。

二、工艺流程及功能

(一)工艺流程

生活污水净化沼气池分为分流制和合流制两种,区别在于粪便污水和其他生活污水是否共用同一管道。分流制工艺采用不同的管道来输送生活污水和粪便污水,成本比较高,所以在居民户数较多、人口分布较集中的小城镇应用较普遍;合流制工艺成本较低、施工方便,很适合在广大农村推广普及。这两种工艺虽然所用池型不同,但工艺步骤都是:生活污水→格栅截流井→沉砂井→前处理区→后处理区→排出或者接好氧处理,工艺基本布置形式见图3-9。

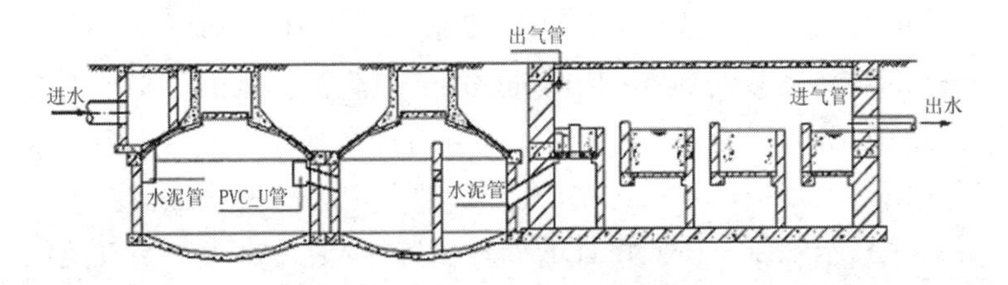

图3-9　净化沼气池工艺布置基本形式

格栅截流井和沉砂井是预处理区,它的主要功能是去除污水中的残渣。

前处理区厌氧发酵处理污水中的有机质,延长粪便在装置中的滞留时间。如果污水量较多,可以在前处理区内挂上填料作为微生物的载体,发挥厌氧接触发酵的优势。

前处理区的有效池容占总有效池容的50% ~70%,池的几何形状可根据地理位置设计修建，池内有隔墙，以延长污水的滞留期；池的底部深浅不同，这样便于污泥、沉降的有机物与虫卵洄流集中，经过充分降解并消灭虫卵；同时，在前处理区的出水口还设有过滤器，可以进一步过滤污水中的悬浮物。

后处理区应用上流式过滤器进行兼性消化，通过多级过滤与好氧分解，使污水获得进一步处理，达到国家污水综合排放标准。

根据现场地形情况，整个生活污水净化沼气池可以设计成条形、矩形和圆形等多种池型。例如，有些地方将前处理池设计为圆形池，与家用水压式沼气池相似，后处理池仍采用方形或长方形池。实践证明，这样可以方便施工和有效收集沼气。虽然池型不同，但它们都由预处理区、前处理区和后处理区构成，处理效果接近。

（二）功能

生活污水有三个特点：一是冲洗厕所的水中含有粪便，是多种疾病的传染源；二是生活污水浓度低，其中，干物质浓度1%～3%，COD浓度仅为500～1 000mg/L；三是生活污水的可降解性较好，BOD/COD为0.5～0.6，适于厌氧消化并制取沼气。生活污水净化沼气池是根据生活污水的特点，把污水厌氧消化、沉淀、过滤等处理技术融于一体而设计的处理装置，生活污水净化沼气池的性能明显优于通常使用的标准化粪池。经污水净化沼气池处理的水质要求：粪大肠菌值≥10^{-4}，寄生虫卵数0～5个/L，BOD<60mg/L，COD<150mg/L，SS<60mg/L，色度<100，pH值为6～9。

生活污水净化沼气工程是就地就近将污水处理，使之达到国家二级污水处理的标准，既提高了人们居住环境的卫生质量，又减少对环境的污染，保护了生态，同时还能获得少量优质气体能源。

三、工艺参数

生活污水净化沼气池设计依据为每天处理的污水量，污水量按100L/(人·d)左右计算，其中冲洗厕所用水量按20～30L/(人·d)计算，其他生活污水量为70～80L/(人·d)。

生活污泥量取0.47L/(人·d)，单纯粪便污泥量为0.4L/(人·d)，每$1m^3$污泥产沼气量为$15m^3$左右。

池容计算公式如下：

总池容 $V=\frac{QTN}{1000}(m^3)$

式中　Q为用水量(L/人*d)；

T为污水滞留期(HRT)(d)，

N为使用人数(人)。

如为公共厕所，其总池容可按每个蹲位$3\sim4m^3$计算。

污水滞留期为3d以上，污泥清掏周期为365～730d。

四、工艺优缺点

生活污水净化沼气池建设成本低，能有效去除废水中大部分污染物，具有较高的环境效益和经济效益。它将污水处理及利用有机结合，实现了污水的资源化。污水中的有机物经厌氧发酵产生沼气，发酵后，大部分有机物从污水中除去，实现了净化目的；产生的沼气可作为浴室和家用炊事能源；厌氧发酵处理后的污水可用作浇灌用水和景观用水。沼气池工艺简单，建设成本低，一户约需费用1 000元，运行费用基本为零，适合于农民家庭采用；而且，结合农村改厨、改厕和改圈，可将猪舍污水和生活污水合并处理，在沼气池中厌氧发酵后作为农肥，沼液经管网收集后集中净化，出水水质达到国家标准后排放。

厌氧沼气池技术的应用也有其局限性。厌氧沼气池主要适用于高浓度生活废水处理,以沼气和沼渣的形式回用处理产物。但当生活废水中有机物浓度过低时,会导致系统产气效率低,且沼气纯度降低,沼气量少、热值低,给生产及生活用气造成影响。此外,当冬季气温较低时,该工艺的处理效率也会降低,出水难以实现达标排放,需要实施沼气池的安全过冬。

五、工程实例

安徽省某农技站采用传统工艺建设农村生活污水净化沼气池,其工艺形式见图 3-10。沼气池的建设步骤包括池容确定→放线→池坑开挖→池底施工→前处理区施工→后处理区施工→预处理区施工→密封防腐层施工→工艺设备及管道施工等 9 个过程,各步骤分述如下。

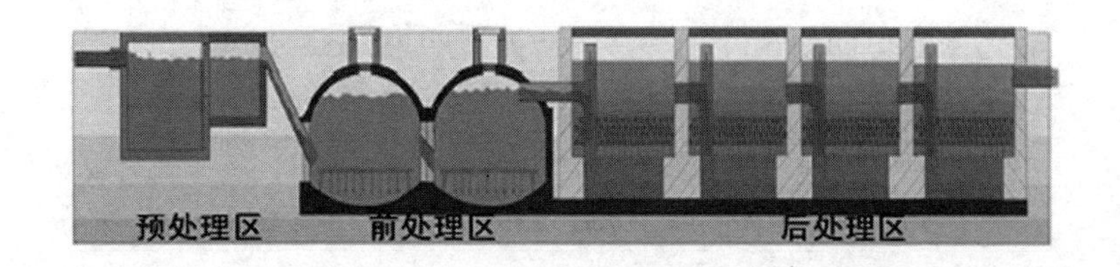

图 3-10　安徽农村净化沼气池工艺形式

1. 定池容

生活污水净化沼气池容积的确定可参考以下标准:每 20 ~ 30 户居民适用的沼气池总容积为 40 ~ 50m^3,每 50 ~ 60 户居民适用的建池总容积为 80 ~ 90m^3;每 100 ~ 120 户居民适用的建池总容积为 160 ~ 180m^3。

2. 放线

在选定的池坑区域内,先平整好场地,确定主池中心位置,参照设计图纸,在地面上画出生活污水净化沼气池的平面布置,准确定位放线，见图 3-11。

图 3-11　放线

3. 池坑开挖

为了便于安放建池模具或利用砖模浇筑池体，减少材料损耗，对于土质良好的地区可采用直壁开挖池坑，取土时由四周向中间开挖，边挖边修整池坑，直至达到设计深度为止。在开挖池坑的过程中，要用放样尺寸校正池坑，边开挖，边校正。池圈梁以上部位，放坡开挖池坑，并留工作台，工作台宽不小于 0.3m。挖好池坑后，在池底中心直立中心杆及活动杆，校正池体各部位的弧度。

4. 池底施工

土方开挖完成后，经人工清基找平、削整成型，即可进入池底施工。施工时，先在池底铺一层碎石或卵石，然后在上面浇灌混凝土垫层，垫层厚度要求为 20cm。搅拌混凝土时，应按设计配比投料，并严格控制好用水量。最好采用机械搅拌，搅拌时间最短不得少于 90s，可用人工拌和，质量要求是：不能有可见原状砂粒，色泽必须均匀一致。混凝土应连续铺设，一般间隔时间不超过 2h。铺设后，应采用插入式振捣器将混凝土捣实，移动距离不大于其作用半径的1.5倍。在振捣的同时,用铁锹将混凝土表面削平、拍实。然后,在上面纵横交错地铺一层钢筋,并将钢筋的交错点用铁丝绑扎牢固,这样可以使池底更加坚固耐用(图3-12)。钢筋铺好后,再铺一层约20cm厚的混凝土,然后用平板振捣器连续振捣,直到混凝土层出浮浆为止。由上可见,整个池底是整体浇筑,一次成型。混凝土铺筑完毕,养护7d左右就可以进行下一步施工。

5. 前处理区施工

前处理区由两个立式圆柱形沼气池组成,采用圆形结构,不仅受力性能好,而且死角小,能够充分利用甲烷进行厌氧发酵。两个池子同时施工,施工时要根据沼气池的平面布局,用砖砌内圈和外圈双层墙体,墙体之间留有一定空隙,等砌到5~6层砖的高度时,向两层墙体之间插钢筋、浇筑混凝土,并开始回填外层土;当池墙砌到占总高度1/3左右时,安装进水涵管,安装时,要求进水涵管与池墙呈30度角;等池墙砌到池圈梁高度时,将钢筋弯制成圆拱形并绑扎在一起,以此作为池拱施工的依托。

图3-12 池底施工

在用砖混组合法砌筑池拱时，一般采用“单砖漂拱法”施工，从周边开始向壳顶呈放射状或螺旋状环绕壳体对称浇筑。浇筑时，应选用规则的优质砖。砖要预先浸湿，但不能湿透，漂拱用的水泥砂浆要用黏性好的 1∶1 细砂浆。砌砖时砂浆应饱满，并用钢筋靠扶或吊重物等方法固定。为了保证池盖的几何尺寸，在砌筑时应用曲率半径绳进行校正。

池顶盖漂完毕，用 1∶3 的水泥砂浆填补砖缝，然后用粒径 0.5～1cm的细石混凝土浇 3～5cm 厚，经过充分拍打、提浆、抹平后，再用 1∶3 的水泥砂浆粉平收光，使砖砌体和细石混凝土形成一个整体结构体，以保证池体的整体强度。

沼气池建好后，拆除两池之间的一段交叉墙体，使两个池体能够连通到一起。可以在第一个沼气池内砌 1 个隔墙，以延长污水的滞留期。建成后的前处理区外观见图 3-13。

图 3-13　前处理区

6. 后处理区施工

后处理区是上流式过滤器，经过多级过滤与好氧分解，使污水得到进一步处理。在进行前处理区施工的同时，也可以进行后处理区的墙体施工。墙体的施工要求是:在砌砖前 12 ~ 24h,将砖浇水润湿,砌筑时保持内潮外干;墙体砌筑应做到横平竖直,内外搭接,上下错缝,左、右相邻对平,并做到浆满、缝直、墙面平。要保证灰浆饱满,尤其要注意竖缝灰浆的饱满度,砌体不得因漏浆而出现的通孔,灰缝应控制在 8 ~ 10mm。当砌筑到 60 ~ 70 cm 高时,将墙体脚下掏出的土回填,用来支撑墙体。墙体转角处和交接处应同时砌筑。砌筑砂浆应随拌随用,水泥砂浆应在拌完后 1.5h 内用完。在砌筑过程中,应按设计要求留好连通孔。

另外,在砌净化池池墙的同时,要在离地 35cm 处,将砖向池内外伸出,从而形成一道边梁,以便安装过滤板。为了使生活污水得到充分过滤,施工时,还可以在后处理区的最后多建 1 个池子,在池的两内侧,与侧墙呈直角交错地砌几道隔墙,这样可以减缓水流速度。建成后的后处理区见图 3-14。

图 3-14　后处理区

7. 预处理区施工

预处理区包括格栅截流井和沉砂池。格栅截流井与沉砂池之间应设置格栅。格栅由钢筋制作,密度根据各地具体情况而定,一般在1.5～2cm。格栅的主要功能是去除体积较大的渣滓,如布条、动植物残体、塑料制品、砖瓦碎片等。沉砂池可去除较小颗粒的渣滓,如沙、炉渣等。沉砂池的形状,选用方形、矩形、圆形都可以。墙体施工的方法与后处理区相同。建成后的预处理区见图3-15。

图3-15　预处理区

8.密封防腐层施工

密封防腐层施工,是指对前处理区两个厌氧发酵池的内表面进行的密封防腐处理。首先对池体内表面进行仔细处理,如果混凝土结构表面凹凸不平、深度大于10mm,要用水灰比0.5～0.6的水泥砂浆补平,然后用钢丝刷将混凝土表面打毛,清除表面残留的灰浆。处理完成后,统一对池体刷水灰比为0.5～0.6的纯水泥砂浆1～2遍。池体内表面处理完成后,应分别按照施工要求,使用“四层做法”抹灰:先用1∶2的水泥砂浆均匀涂刷池体7～8mm厚,边抹边用力压实和抹平。最后一道砂浆表面初凝后,应进行第二次抹灰,用1∶1.5的水泥砂浆抹5～6mm厚,要使水泥砂浆薄薄地压入第一层,以使第一、第二层结合牢固,水泥砂浆初凝前,用抹子将表面抹平、压实,这样可以起骨架作用。第二层抹灰初凝后抹压第三层,用1:1水泥砂浆抹3~4mm厚。池体转角交接处,抹灰应做成圆弧形,圆弧半径一般为50mm。在抹某一层砂浆时,必须一次抹完,不要留施工缝。抹压要平整,注意揉浆、收压等工序,以消除起壳、起砂、或裂缝等现象。第四层抹灰用1:2.5的水泥砂浆抹4~5mm厚。水泥砂浆施工后,用沼气池密封涂料涂刷池体内表面,这样可使它的内表面形成一层连续性均匀的薄膜,从而封闭混凝土和砂浆表面层的孔隙和裂缝,防止发生漏气。

9.工艺设备及管道施工

密封防腐层施工完成后,经过合理养护,待池体变得坚固就可以安装过滤板了(图3-16)。过滤板由钢筋混凝土分块浇铸而成,大小由池体大小决定。在放入多级折流池之前,要在过滤板上均匀地打一些能够使水流通过的布水孔,然后将这些过滤板安放到多级折流池的边梁上。其中,靠近上一级池的过滤板上面要打一个比较大的孔,孔的尺寸与所插入管道的尺寸相匹配。

图3-16　安装过滤板

生活污水净化池所用管道为PVC管,根据污水流量选择合适的管道直径。安装前，先将直管用三通管连接，为了防止漏水，要在连接处涂上一圈强凝胶，使管道组装牢固。将组装好的管道安装在事先留好的连通孔中，管道与净化池结构交接处用混凝土填补缝隙。此外，为了在使用过程中抽渣方便，有些施工单位在多级折流池每级池的侧面开一个孔，斜插入一根抽渣管，管子穿过过滤板，与池底保持一段距离，以防池底残渣堵塞管道，再在折流池开孔外侧修建一个小池子作为抽渣池。

图 3-17　投放填料

管道安装好后，下一步工作就是往过滤板上投放填料。填料主要包括卵石、碎石、粗砂、木炭等，在施工过程中可以按照施工工艺进行选择(图 3-17)。所有填料在投放前都要冲洗干净。下面以四级折流池为例，介绍填料的安装方法。安装填料时，在多级折流池的第一个池中投放比较大的卵石、石块，第二个池中投放稍小一点的石子，第三个池中投放更小的石子，最后一个池中先投放粗砂，然后在粗砂上面投放木炭。由于木炭的比重较小，所以最好先将它们装到蛇皮袋子里，袋口用绳扎紧，再投放到池中。木炭投放好后，再在上面投放一层细砂。另外，有些地方砂石资源比较丰富,可以在每级折流池的过滤板上都先投放一层比较大的卵石,然后在卵石上投放一层细石,最后铺一层细砂。生活污水净化沼气池施工完成,经验收合格后,就可以投入使用了。

第三节　大中型沼气工程

中型沼气工程是指单体沼气发酵容积在 300 ~ 500m³,大型沼气工程是指单体沼气发酵容积在 500m³ 以上的沼气发酵系统,包括:发酵原料的预处理系统;进出料系统;增温保温、回流、搅拌系统;沼气的净化、储存、输配和利用系统;计量设备;安全保护系统;沼渣沼液综合利用或后处理系统。

一、大中型沼气工程工艺特点

以畜禽养殖场沼气工程为例,建设沼气工程的重点是利用畜粪产沼气。生产工艺的确定是沼气工程建设的关键。工艺是否合理直接关系到工程的处理效果、运转稳定性、投资、运转成本。因此,必须结合粪污特征,综合考虑粪便资源、配套土地和能源需求等因素,慎重选择适宜的生产工艺,以达到最佳的处理效果和经济效益。

目前比较成熟、适用的生产工艺有两大类,一类是以综合利用为主的"能源生态型"处理利用工艺,另一类是以污水达标排放为主的"能源环保型"处理利用工艺。

"能源生态型"处理利用工艺是指畜禽场污水经厌氧无害化处理后不直接排入自然水体,而是作为农作物的有机肥料的处理利用工艺。此工艺要求沼气工程周边的农田、鱼塘等能够完全消纳经沼气发酵后的沼渣、沼液,使沼气工程成为生态农业园区的纽带。如为畜禽粪便沼气工程,首先要将养殖业与种植业合理配置,这样既不需要后处理的高额花费,又可促进生态农业建设,所以说

“能源生态型”沼气工程是一种理想的工艺模式。该工程的特点是由于后处理过程比较简单,因此投资和运行成本均较低。

“能源环保型”处理利用工艺指的是畜禽场的畜禽污水处理后直接排入自然水体或以回用为最终目的的处理工艺,该工艺要求最终出水达到国家或地方规定的排放标准。“能源环保型”沼气工程适于周边环境无法消纳沼气发酵后的沼渣、沼液,必须将沼渣制成商品肥料。该模式既不能使资源得到充分利用,并且工程和运行费用较高,应尽量避免使用。但由于采用了沼气发酵工艺可回收一定量的沼气作为能源,并通过沼气发酵又去除了污水中的大部分有机物,这比单纯使用好氧曝气的方法来处理污水,既产能又节能。“能源环保型”沼气工程的首要目的是要达标排放,否则养殖场或发酵工厂就不能再办下去,所以,在工艺上首先要使污水减量化。在养殖场等采用拣干粪的方式人工收集固体有机物,进行好氧堆沤处理,然后再将残余粪便结用水进行冲洗。粪水进入调节池后,先进行固液分离,然后再进入沼气池进行沼气发酵。这样水量和浓度都大幅度降低,有利于降低水处理成本。当然沼气产量也相应减少。

根据不同的养殖规模、资源量、污水排放标准、投资规模和环境容量等条件,畜禽场沼气工程项目的工艺流程有4种典型处理方式。

(一)沼气综合利用型

1. 工艺流程(图3-18)

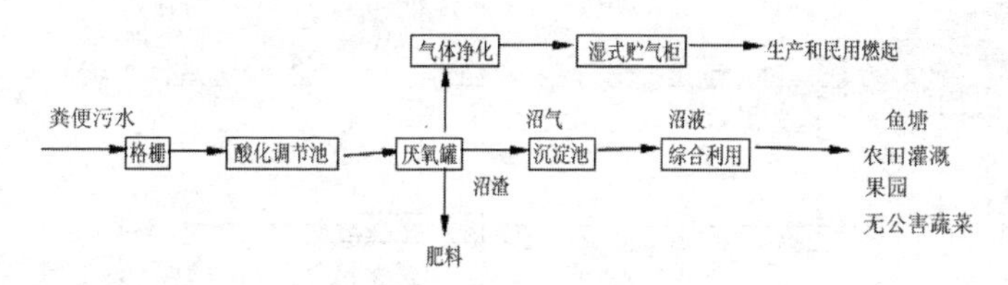

图3-18　沼气综合利用型工艺流程

2. 工艺适宜条件

养殖场周围应有较大规模的鱼塘、农田、果园和蔬菜地，可供沼液、沼渣的综合利用；沼气用户与养殖场距离较近；养殖场周围环境容量大，环境不太敏感和排水要求不高的地区。

3. 工艺特点

畜禽粪便污水可全部进入处理系统，进水 COD 在 10 000 ~ 20 000mg/L；厌氧工艺可采用全混合厌氧池(CSTR)、厌氧接触反应器(ACR)、升流式固体床厌氧反应器(USR)。有机负荷(1 ~ 2.5kg) COD/(m^3 · d)，HRT = 8 ~ 10d，COD 去除率 75% ~ 85%，池容产气率 (0.6 ~ 1.0m^3)/(m^3 · d)，厌氧出水 COD 在 1 500 ~ 3 000 mg/L；沼气利用方式：民用或小规模集中供气；沼液、沼渣进行综合利用，建立以沼气为纽带的良性循环的生态系统，提高沼气工程的综合效益。

4. 优点

工艺简单，管理、操作方便；沼气的可获得量高；工程投资少，运行费用低，投资回收期短。

5. 缺点

工艺处理单元的效率不高；处理后的浓度仍很高，易污染周围环境；污染物就地消化综合利用，配套所占用的土地资源多。

(二) 沼气工程生态型

1. 工艺流程(图 3-19)

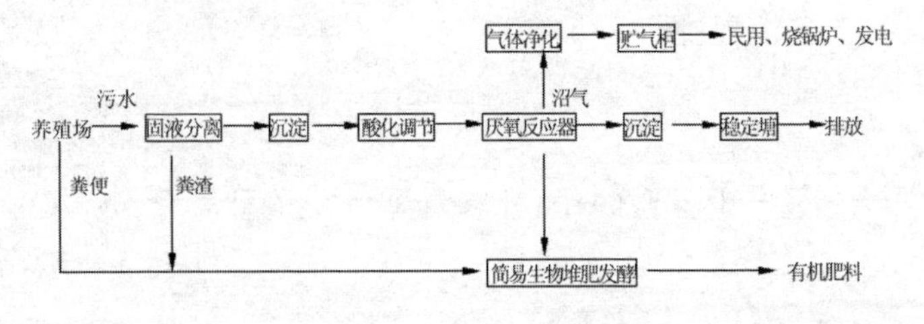

图 3-19　沼气生态型工艺流程

2. 工艺适用条件

养殖场规模：日处理污水量50～150t的养殖场。

养殖场周围应配套有较大稳定的塘面积。

养殖场周围应有一定的环境容量，环境不太敏感。排水要求一般的地区。

3. 工艺特点

养殖场必须实行清洁生产、干湿分离，畜禽粪便直接用于生产有机肥料，尿和冲洗污水进入处理系统，进水COD_{cr}在7 000～18 000mg/L。

厌氧工艺可采用厌氧滤器（AF）、上流式厌氧污泥床反应器（UASB）。有机负荷（2.4～4kg）COD/（m^3·d），HRT=5d，COD去除率80%～85%，池容产气率（1.0～1.2m^3）/（m^3·d），厌氧出水COD在700～1 500 mg/L。

污水后处理采用稳定塘或自然生态净化设施，HRT=50～100d，出水COD在150～500 mg/L。

沼气利用方式：民用、烧锅炉或小型发电。有机肥的生产一般采用简单的生物堆肥工艺。

4. 优点

工艺处理单元的效率较高，管理、操作方便。

处理后排放的污水浓度较低，基本满足农田灌溉的要求，对周围环境的影响较小。

工程投资较省，运行费用低，投资回收期较短。

5. 缺点

配套的后处理设施稳定塘占地面积大，处理效果受气候条件影响大。

由于畜禽粪直接生产有机肥，沼气的获得量相对较低。

处理后的污水仍需要一定的自然生态环境消纳。

（三）沼气工程废水达标 A 型

1. 工艺流程（图 3-20）

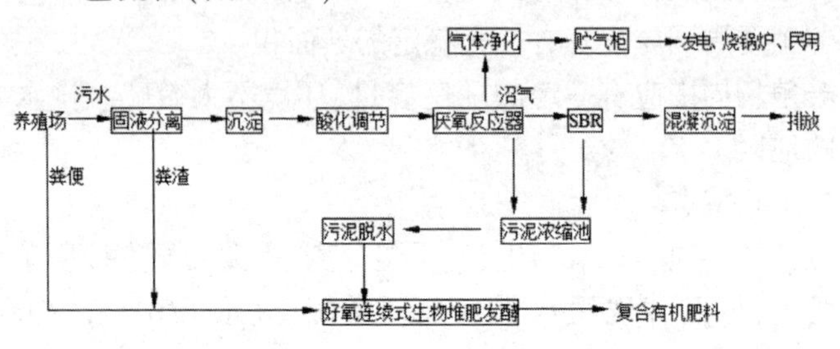

图 3-20　沼气废水达标 A 型工艺流程

2. 工艺适用条件

养殖场规模：日处理污水量 50～1 500t，甚至 1 500 t 以上。

排水要求高的地区。

3. 工艺特点

养殖场必须实行严格清洁生产、干湿分离，畜禽粪便直接用于生产有机肥料，冲洗污水和尿进入处理系统，进水 COD_{cr} 在5 000～12 000mg/L，氨氮在 500～1 000mg/L。

污水必须先进行预处理，强化固液分离、沉淀，严格控制 SS 浓度。

厌氧工艺可采用上流式厌氧污泥床反应器（UASB）。有机负荷（2.5～5kgCOD）/（m^3·d），HRT=3d，COD 去除率 80%～85%，池容产气率（1.0～1.2m^3）/（m^3·d），厌氧出水 COD 在 700～1 000 mg/L。

好氧处理工艺采用序批式好氧活性污泥法（SBR）反应器，在去除 COD 的同时，具有除磷脱氮效果。一般设两个反应器（也可两个以上），交替曝气运行，每周期有进水、曝气、沉淀、滗水、闲置 5 个过程，每周期一般 8h，HRT = 2～3d，污泥负荷：（0.08～0.15）BOD_5/（MLSS·d），容积负荷：（0.2～0.5kg）BOD_5/（m^3·d），COD 去除率 90%～95%，氨氮去除率 95% 以上。此外该工艺自动化程度要求高,工艺运行技术参数可视实际情况灵活调整。

混凝沉淀出水 COD≤150mg/L,NH_3 ~ N≤25mg/L,达到《污水综合排放标准》(GB8978—96)的二级排放标准。出水经消毒处理后可作灌溉水回用。

厌氧、好氧产生的污泥经浓缩、机械脱水压成含水率为75% ~ 80%的泥饼,可用于制作有机肥或作为菌种出售。

沼气利用方式:发电、烧锅炉或肥料烘干。

有机肥的生产应优先采用好氧连续式生物堆肥工艺。

4. 优点

沼气回收与污水达标、环境治理结合得较好,适用范围广。工艺处理单元的效率高,工程规范化,管理、操作自动化水平高。对COD、氨氮的去除率高,出水能达标排放。

有机肥料开发充分,资源得到综合利用。对周围环境影响小,没有二次污染。

5. 缺点

工程投资较大,运行费用相对较高。管理、操作技术要求高。由于畜禽粪直接生产有机肥,沼气的获得量相对减少。

(四)沼气废水达标 B 型

1. 工艺流程(图 3-21)

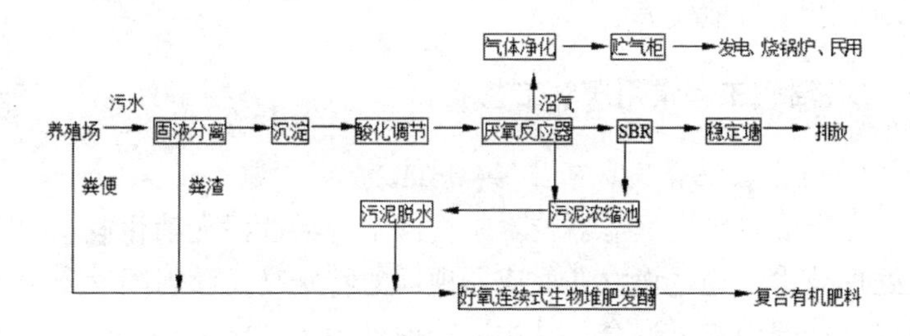

图 3-21　沼气废水达标 B 型工艺流程

2. 工艺适用条件

养殖场规模：日处理污水量50～1 500t，甚至1 500t以上。

养殖场周围应有配套稳定塘的面积。

排水要求高的地区。

3. 工艺特点

养殖场必须实行严格清洁生产、干湿分离，畜禽粪便直接用于生产有机肥料，冲洗污水和尿进入处理系统，进水CODcr在5 000～12 000mg/L，氨氮在500～1 000mg/L。

预处理、厌氧、好氧工艺与沼气废水达标A型相同。

好氧后处理采用稳定塘处理工艺，主要采用兼性塘和水生植物塘。HRT=20～30d，出水COD≤150mg/L，NH_3～N≤25mg/L，达到《污水综合排放标准》(GB8978—96)的二级排放标准。出水经消毒处理后可中水回用。

厌氧、好氧产生的污泥经浓缩、机械脱水压成含水率为75%～80%的泥饼，可用于制作有机肥或作为菌种出售。

沼气利用方式：发电、烧锅炉或肥料烘干。

有机肥的生产应优先采用好氧连续式生物堆肥工艺。

4. 与沼气废水达标A型相比

优点是不需要加药，运行费用比A型省，管理较方便。

缺点是占地较大。

二、沼气工程常用厌氧工艺

(一)完全混合厌氧反应器(CSTR)

完全混合厌氧反应器技术是类似常规活性污泥消化概念的厌氧处理技术。通过设立在反应器顶部的特殊高压喷射喷嘴或利用顶置搅拌器而充分混合。其构造特征见图3-22。

适用条件：应用范围广，适应性强，效益高，适用于高浓度及含有大量悬浮固体原料的处理。

工艺特点：高浓度发酵原料；固体浓度 8% ~12%；有搅拌装置；发酵原料和微生物完全混合；处理量大，停留时间长，产沼气多；便于启动运行和管理。

我国最早的农场大型沼气工程——1982 年建成的成都凤凰山畜牧园艺场沼气工程即采用射流搅拌的全混合发酵工艺。工程日处理1000 头奶牛粪污，装置总容积 $4\times300m^3$，隧道式，中温发酵，进料浓度6% TS(固含量)，水力停留时间 60d，有机负荷 1.0kg TS/(m^3 · d)，池容产气率 0.238m^3/(m^3 · d)。日产沼气 1 000m^3，其中，300m^3 用作沼气发电，其余用于 1t 锅炉和职工生活燃料。

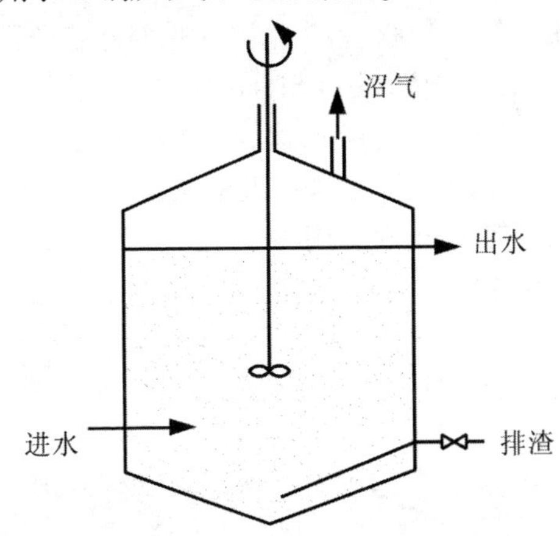

图 3-22 完全混合厌氧反应器

(二)升流固体床反应器(USR)

升流式固体反应器是一种结构简单、适用于高悬浮固体原料的反应器。原料从底部进入消化器内，与消化器里的活性污泥接触，使原料得到快速消化。未消化的生物质固体颗粒和沼气发酵微生物靠自然沉降滞留于消化器内，上清液从消化器上部溢出，这样可以得到比水力滞留期高得多的固体滞留期和微生物滞留期，从而提高了固体有机物的分解率和消化器的效率，适用于固体浓度5%～8%的畜禽粪污。其构造特征见图3-23。

适用条件：适用于中部和南部地区养猪场粪污处理和集中供气沼气工程，北方地区冬季需要进行加热。

工艺特点：高浓度厌氧微生物固体床；设置布水系统；不设三相分离器；出水渠前设置挡渣板；产气效率高；浓度较高时可有局部强化搅拌装置。

北京市留民营鸡粪污水中温沼气发酵工程、房山区琉璃河猪粪废水沼气发酵工程、平谷县南独乐河猪粪废水沼气工程的厌氧消化器均采用USR工艺，运行稳定，效果较好。

福建省某年存栏4 000多头生猪的中型养殖场配套建设沼气环保治理工程，工程主体采用USR+IOD(上流式厌氧污泥反应器+一体化氧化沟)处理工艺，出水达到《畜禽养殖业污染物排放标准》(GB18596-2001)一级排放标准的水质指标要求。设施直接投资56.7万元，其中，土建费用39.7万元，设备、管道及安装费用17.0万元，1t水投资6 300元；运行费用1.19元/t，其中，电费0.89元/t，人工费0.30元/t。

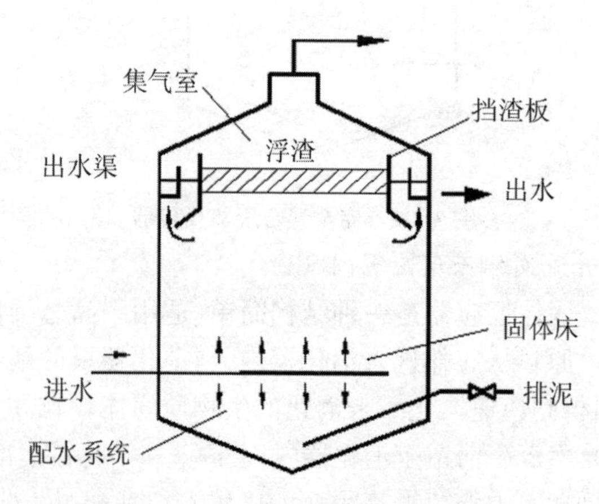

图3-23　升流固体床反应器

（三）塞流式厌氧反应器（PFR）

塞流式反应器也称推流式反应器，是一种长方形的非完全混合式反应器。高浓度悬浮固体发酵原料从一端进入，从另一端排出。适用于高浓度畜禽粪水处理，固体浓度可达12%，尤其适用于牛粪的消化处理。其构造特征见图3-24。

适用条件：适用于牛粪的处理，不适用于鸡粪的发酵处理，因鸡粪沉渣多，易生成沉淀而大量形成死区，影响消化器效率。

工艺特点：反应器内物料呈活塞式推流状态，在进料段呈现较强的水解酸化作用，沼气的产生随着向出料方向的流动而增强，有搅拌装置。

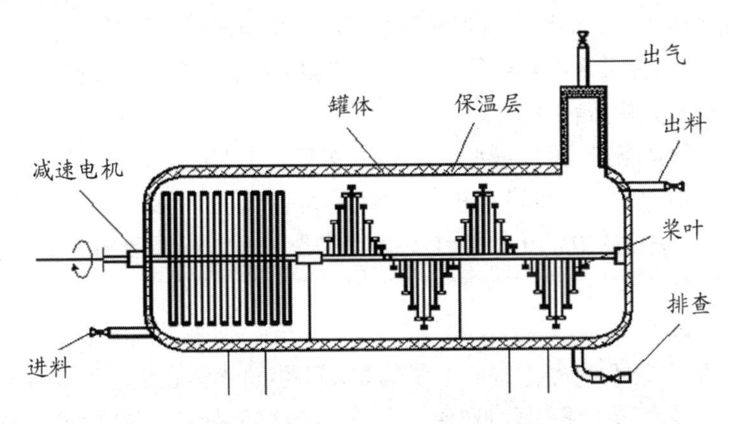

图3-24 塞流式厌氧反应器

优点：①不需要搅拌，池形结构简单，能耗低；②适用于高SS废水的处理，尤其适用于牛粪的厌氧消化，用于农场有较好的经济效益；③运行方便，故障少，稳定性高。

缺点：①固体物容易沉淀于池底，影响反应器的有效体积，使水力停留时间降低，效率较低；②需要固体和微生物的回流作为接种物；③因该反应器面积/体积比较大，反应器内难以保持一致的温度;④易产生厚的结壳。

北京市留民营的鸡粪高温沼气工程使用了该反应器。实践表明,该反应器耐粗放管理,采用高温(55℃)发酵,产气率较高,并且可以杀灭有害生物。但因鸡粪沉渣较多,易生成沉淀而影响反应器效率。

(四)上流式厌氧污泥床工艺(UASB)

UASB 消化器结构简单,运行费用低,处理效率高。该消化器适用于处理可溶性废水,要求较低的悬浮固体含量。该工艺将污泥的沉降与回流置于一个装置内,降低了造价。

UASB 在反应器中设有气、液、固三相分离器,反应器内形成沉降性能良好的颗粒污泥或絮状污泥。反应器集生物反应与沉淀于一体,设进水配水系统、反应区、三相分离器、气室、处理水排出系统。其构造特征见图 3-25。

适用条件:要求进水浓度不高,多用于工业废水和生活污水的厌氧消化处理,经过固液分离后的畜禽粪便污水也可以采用 UASB 进行厌氧消化处理,UASB 工艺是一种以环保治理为主,生产能源为辅的能源环保型沼气工程工艺。

该工艺的优点为:①设备简单,运行方便,勿需设沉淀池和污泥回流装置,不需充填填料,不存在堵塞问题,也不需在反应区设机械搅拌装置,造价相对较低,便于管理;②容积负荷率高,在中温发酵条件下,一般可达 10kgCOD/(m^3 · d)左右,甚至能够高达 15 ~ 40kgCOD/(m^3 · d),废水在反应器内水力停留时间较短,因此所需池容大大缩小;③颗粒污泥的形成,使微生物天然固定化,改善了微生物的环境条件,增加了工艺的稳定性;④出水的悬浮固体含量低。

缺点:需要安装三相分离器;进水中只能含有低浓度的悬浮固体;需要有效的布水器使其进料均匀分布于消化器底部;当冲击负荷或进料中悬浮固体含量升高,以及遇到过量有毒物质时,会引起污泥流失,要求较高的管理水平。

浙江杭州市某养殖场混合污水 COD 浓度高达 17 000mg/L,SS 浓度 12 000mg/L,固液分离、水解酸化后采用 UASB 厌氧技术,常温发酵(冬季采用增温),水力停留时间 3d,厌氧出水的 COD 在 1 000mg/L 左右,COD 去除率保持在 85%。厌氧出水经 SBR 好氧处理、混凝沉淀后可达标排放,粪渣用于制取有机商品肥。

项目经济指标:年削减 COD 18 450t;沼气年产量为 310 万 m^3;温室气体甲烷的年减排量为 202 万 m^3(相当于减排二氧化碳 6.6 万 t);年生产有机商品肥为 4 万 t;处理运行费用 2.5 元/t;工程总投资:1 497 万元;投资回收期 9.5 年。

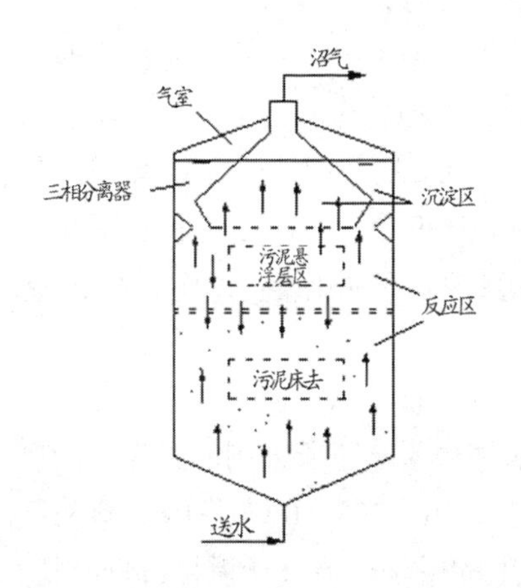

a. 上流式污泥床反应器

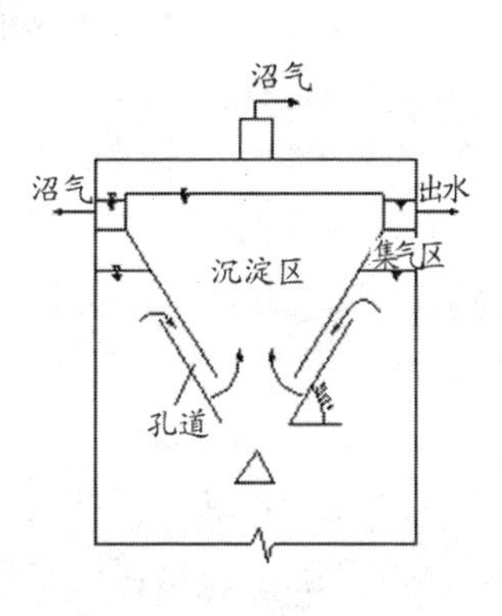

b. 三相分离器

图 3-25 上流式污泥床工艺

(五)升流式厌氧复合床(UBF)

升流式厌氧复合床是由上流式污泥床(UASB)和厌氧滤器(AF)复合而成,反应器下面是高浓度颗粒污泥组成的污泥床,上部是填料和其表面附着的生物膜组成的滤料层。UBF 是借鉴流态化技术的生物处理反应器,它以砂和设备内的软性填料为流化载体,污水作为流水介质,厌氧微生物以生物膜形式结在砂和软性填料表面,在循环泵或污水处理过程中产生的甲烷气的作用下,使污水成流动状态。污水以升流式通过床体时,与床中附有厌氧生物膜的载体不断接触反应,达到分解、吸附污水中有机物的目的。

适用条件:本工艺效能高、占地少,适用于较高浓度的有机污水处理工程。

性能特点:处理效率高,处理量大,能耗低,运行费用低,能自动连续运行;处理时产生的大量甲烷可作燃料,能回收大量能源;占地面积小,适应性强,选型方便,工期短。

浙江省乐清市某猪场沼气工程采用 UBF 工艺,主要技术经济指标:厌氧发酵罐 UBF 设计负荷 2.5kgCOD/(m^3·d);COD 去除率 85%;BOD 去除率 90%;产气率 0.45m^3/(kg COD);容积产气率 0.8 m^3/(m^3·d);厌氧发酵温度 20~30℃;沼气日产量 480m^3/d。UBF 厌氧罐 2 座,钢砼结构,墙外保温,每座 300m^3,造价 60 万元。

(六)中温半混和气搅拌厌氧反应器(SMSTR)

中温半混和气搅拌厌氧技术是目前欧盟所采用的最先进的厌氧发酵工艺。发酵温度常年保持在中温 35~40℃,发酵原料从底部进入从罐体上部排出,通过产生的甲烷气体进行搅拌,将原料与反应层充分混合,使厌氧微生物与原料充分接触,在消化滞留期很短的情况下能够使发酵原料完全降解。反应器内设进排料装置、气搅拌装置、自动增温补温系统、生物膜。北京某公司在引进技术的基础上,结合中国实际情况,自主研发了一系列增温补温技术和相关配套设备,已在我国获得应用。其工艺流程见图 3-26。

适用条件:适用于较高浓度的有机污水处理工程,高寒地带畜禽粪污处理。

工艺特色。

(1)设备罐体。施工简便，周期短，占地面积小，罐体省材省料，便捷安装，可随意拆卸、扩增、回收再利用，耐腐蚀，使用寿命可达30年以上。

(2)发酵温度。能耗少，投资少，沼气发酵能总体维持一个较高水平，产气速度比较快，料液基本不结壳，可保证常年稳定运行。这种工艺因料液温度稳定，产气量也比较均衡，耗能低，发酵残余物的肥效高，氨态氮损失小。

(3)搅拌方式。采用先进气搅拌方式，这种搅拌方式剪切力较小，搅拌时间短，能够保证物料性质，且有利于微生物与进料基质的充分接触，混合充分，并能从根本上防止结壳的生成，能耗较低，使厌氧发酵完成的更彻底。

(4)增温、补温方式。采用的是最新的再生能源互补系统的增温保温技术，该技术具有产气稳定、原材料可再生、生产成本低廉等特点，取代了传统的使用常规能源给沼气增温补温的方式，更能体现再生清洁互补能源的特点。其中，研发的沼气气化炉，它根据沼气固有的物理、化学特性可以使沼气充分燃烧，达到沼气的最大热值。

(5)容积负荷率高，在中温发酵条件下，一般可达1.2～1.5 $m^3/(m^3 \cdot d)$，高浓度废水在反应器内水力滞留期较短，因此所需池容大大缩小。

武汉某猪场粪污综合处理沼气工程项目采用SMSTR工艺，热电肥联产，主要技术经济指标：厌氧罐1座，搪瓷钢板拼接而成。厌氧发酵罐设计容积$300m^3$；日消化猪粪污$20m^3$；全年恒定厌氧中温发酵35～40℃；容积产气率$1.5m^3/(m^3 \cdot d)$；沼气日产量$450m^3/d$；年发电24.3万kWh；年产有机沼渣液7 200t；热、电、肥总工程投资150万；回收期4.5年。

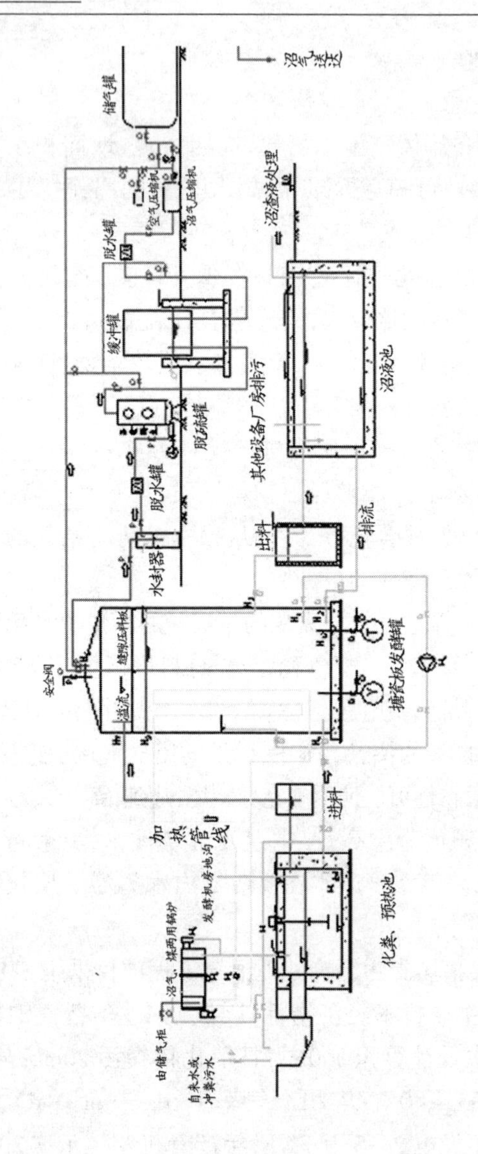

图 3-26　中温半混和气搅拌工艺流程图

三、厌氧后续处理

畜禽污水经厌氧处理后，其出水残留 COD 一般较高，不能达标排放。实际应用中厌氧处理还可结合其他处理方式，常用的有好氧处理技术和自然处理法。采用好氧技术对粪尿及废水进行生物处理，以序批式反应器工艺居首，循环式活性污泥法（CASS）曝气工艺也应用较多。随着各种新型不堵塞曝气器、新型浮动式出水堰和监控技术的研制、应用与发展，其他好氧型新技术亦逐步应用到畜禽场废水处理中，如间歇式排水延时曝气、循环式活性污泥系统和间歇式循环延时曝气活性污泥法。

（一）序批式活性污泥法（SBR）

SBR 是一种间歇式活性污泥工艺。我国对序批式反应器用于畜禽场粪污处理的研究较多，但在实际应用中单独使用 SBR 工艺并不多，而多采用 SBR 与其他方式结合处理。

浙江杭州某养殖总场混合污水经 UASB 厌氧处理后，COD 在 1 000mg/L 左右，采用 SBR 好氧工艺进行后续处理，COD 去除率达到 90% 以上，出水 COD 达到 250 ~ 350mg/L，氨氮去除率达到 99%，出水氨氮<10mg/L。

（二）循环式活性污泥法（CASS）

CASS 工艺是近年来国际公认的处理生活污水及工业废水的先进工艺。其基本结构是：在 SBR 基础上，反应池沿池长方向设计为两部分，前部为生物选择区，也称预反应区，后部为主反应区，其主反应区后部安装了可升降的自动撇水装置。整个工艺的曝气、沉淀、排水等过程在同一池子内周期循环运行，省去了常规活性污泥法的二沉池和污泥回流系统；同时可连续进水，间断排水。这个系统按照曝气（生物反应）—沉淀（固液分离）—滗水（排出处理后的水）的程序来运行。

CASS 工艺优点:建设费用低,比普通曝气法省 25%,不设独立的二沉池和刮泥系统;运行费用低,自动化高,管理方便;氧吸收率高,处理效率高,出水水质好;运行可靠,耐负荷冲击能力强,不产生污泥膨胀现象,污泥产率低。CASS 反应池采用射流曝气,每个曝气池有 12 根射流器,具有不易堵塞、充氧效率高、无噪声、使用灵活等特点。

四、沼气发电技术

构成沼气发电系统的主要设备有燃气发动机、发电机和热回收装置。由厌氧发酵装置产出的沼气,经过水封、脱硫后至储气柜。然后经脱水、稳压供给燃气发动机,驱动与燃气内燃机相连接的发电机而产生电力。燃气发动机排出的冷却水和废气中的热量,通过废热回收装置回收余热,作为厌氧发酵装置的加热源。

沼气的发电系统流程见图 3-27。

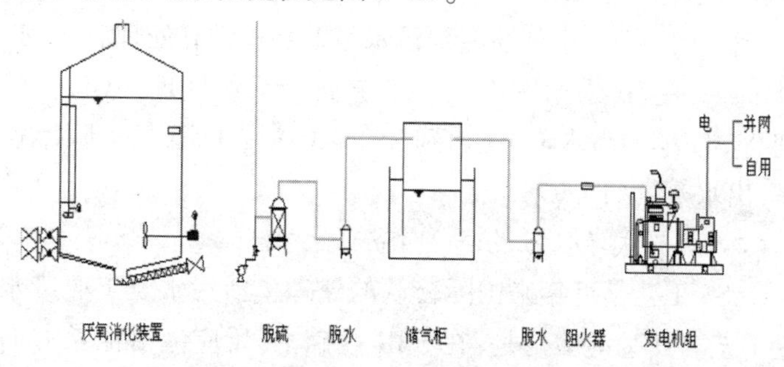

图 3-27 沼气的发电系统流程

现在用于沼气发电的四冲程发动机,热效率一般在 25% ~ 30%,燃料燃烧总热量只有 30% 左右转换成电能,有 70% ~ 75% 的热量未被利用,其中,汽缸冷却水和废气所占热量约为燃料燃烧总热量的53% ~60%，如果能够很好地回收这部分热量用于加热发酵液，可大大降低用于加热所耗费的能量。

如采用热电联产，国产机组电效率30%左右，余热能回收40%左右。冬季利用余热增温沼气发酵罐，可维持35℃中温发酵，不需外加热源。当粪污固含量为8%时，冬季余热100%用于增温；固含量为10%时，冬季余热60%用于增温；固含量为12%时，冬季余热40%用于增温。

利用沼气发电，其发电余热利用系统如示意图3-28及沼气发电机组的能量收支平衡如图3-29所示。

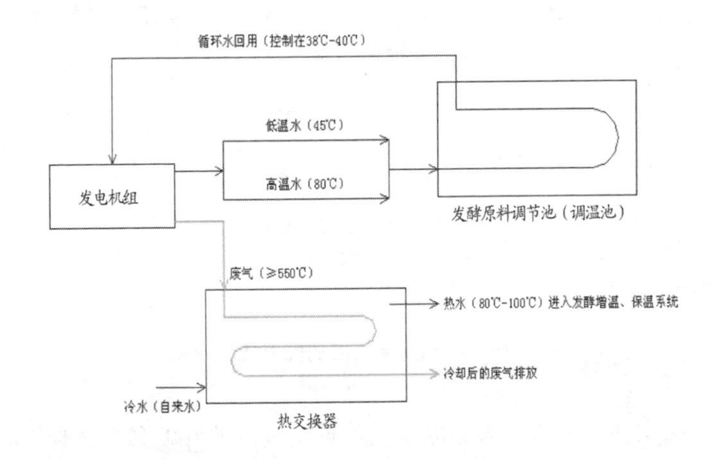

图3-28 发电余热利用系统示意

随着常规能源（煤、石油、天然气）的日益减少以及环境问题的日趋严重，新能源的开发利用（尤其是可再生能源的开发和综合利用）越来越受到人们的重视。我国政府一直非常重视有关新能源和可再生资源的开发和综合利用。原国家计委、国家科委、国家经贸委制定的《1996—2010年新能源和可再生资源发展纲要》

进一步明确，要按照社会主义市场经济的要求，加快新能源和可再生资源的发展和产业建设步伐。

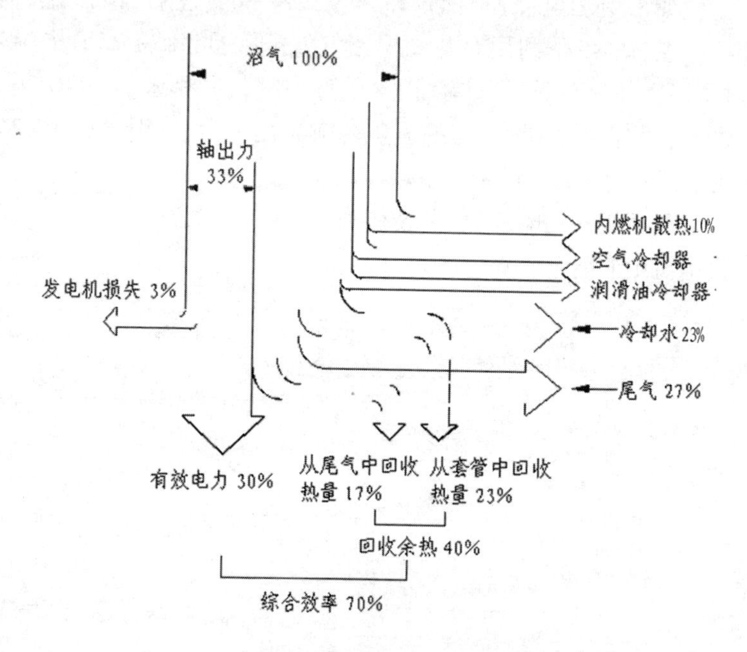

图 3-29　沼气发电机组的能量收支平衡

国家在进一步完善新能源和可再生资源的开发和综合利用法律、法规的同时，相继出台了一系列的鼓励、支持新能源和可再生资源的开发和综合利用项目的文件，并在国家重点行业推广“清洁生产技术”。其中，“沼气发电机组”被列入《当前国家鼓励发展的环保产业设备（产品）目录》（第一批）。因此，采用上述相关技术和设备的企业，将享受国家的有关优惠政策。

第四章 农村沼气的运行管理

第一节 户用及小型沼气池

一、沼气池的验收和渗漏检查

沼气池建造完成后，待材料强度达到设计标号的70%以上，需进行工程质量验收和渗漏检查，合格后，方可投料使用。

（一）工程质量验收

可依据《GB/T4751-2002 户用沼气池质量检查验收规范》。

（二）渗漏检查

检查沼气池是否漏水漏气应按先查外部、后查内部的顺序进行，逐步排除疑点，找准原因，再对症修理。

1. 检验方法

（1）直接检查。仔细观察沼气池内外有无裂缝，导气管是否松动。用手指或小木棒敲击，池内各部位是否有空响，若有空响声，说明抹灰层有翘壳。另外，还要仔细观察池壁有无外水渗漏痕迹。对于不明显的渗漏部位，可在其表面均匀撒上一层干水泥粉或草木灰，出现湿点或湿线的地方，便是漏水孔或漏水缝。直料管、出料间与发酵间连接处也容易产生裂缝，应当仔细检查。

（2）池内装水刻记法。打开活动盖，向池内放水至活动盖圈下缘，待池壁吸足水后，池内水位有一定下降，再放水至原来的位置,隔一昼夜后,如水位没有下降,说明沼气池没有漏水。如水位降至一定位置后不再继续下降,可由活动盖下缘或出料间量得水位下降的距离。根据这一位置,便可检查上方存在的裂缝或孔隙,然后将水排除进行修补。

(3)气压法。根据上述方法,查明全池不漏水后,还要用气压法检查气箱部分是否漏气。气压法检查的顺序如下。

先将池内的水排出一部分,使水位保持至设计零压线,盖上活动盖板,做好黏土膏水密封,然后再用胶管接上导气管,用铁丝或麻绳捆紧,接上三通,一端接气压表,另一端接打气装置。

在接头处不漏气情况下,向池内打气至气压表上下水柱液面差所设计水柱。此时,停止打气,关闭打气开关,在出料间液面处标一标记。

24h 后,观察气压表或出料间液面是否下降,以确定是否漏气。如有漏气情况发生,压力必然下降,此时再在出料间新的液面注一标记,两者之差乘以出料间面积便是漏气量。

(4)水压法。此法与气压法的区别在于不用打气装置而是由进料口或出料间向池内灌水,由于池内水位上升,气箱部分容积减小,池内气压增加,直至气压表液面达到设计要求为止。停止加水,24h 后观察气压表液面是否下降以确定漏气与否或漏气多少。

2. 漏气标准

各种密封材料均有程度不同的漏气。由于各地的气温、大气压强均不一样,因此,在进行漏气量的计算时,都应折算成标准状态下的漏气量,然后计算渗漏率,在无渗漏标准规范以前,目前我国各地普遍采用一昼夜的沼气渗漏率≤3%作为合格池。

二、沼气池的维修

(一)池拱与圈裂缝的处理

应先将池体裂缝粉刷层裂缝铲除、凿毛,然后采用 5 层作法粉刷密封层。第1层:先抹1mm厚素灰层,然后再抹1mm素水泥浆,抹平。第2层:抹1∶2.5的水泥砂浆层,厚4.5mm。隔一天,抹第3层:刷素水泥浆2mm厚。第4层刷水泥砂浆层4～5mm厚。第5层,用毛刷依次均匀刷素水泥浆一遍,稍干面光即可先将裂缝剔成"V"形槽,周围打成毛面,再用1∶1水泥砂浆填塞"V"形槽,压实、抹光,然后用纯水泥浆涂刷2～3遍。

(二)池底沉陷裂缝处理

先挖去开裂破碎的部分,先用碎石或块石填满裂缝,后在填层上浇筑5cm厚的C20的混凝土,再在池底表面粉刷1∶2的水泥砂浆一遍。

(三)池体裂缝处理

应先将池体裂缝粉刷层裂缝铲除、凿毛,然后采用五层作法粉刷密封层。第1层:先抹1mm厚素灰层,然后再抹1mm素水泥浆,抹平。第2层:抹1∶2.5的水泥砂浆层,厚4.5mm。隔一天,抹第3层:刷素水泥浆2mm厚。第4层刷水泥砂浆层4～5mm厚。第5层,用毛刷依次均匀刷素水泥浆一遍,稍干面光即可。

(四)漏气处理

如果漏气部位不明确,可将发酵间贮气部分洗刷干净,然后用纯水泥浆刷2～3遍。导气管与池盖交接处漏气,可在交接处开凿并重新用水泥砂浆粘接,并对导气管局部加厚,确保导气管的固定。

(五)池底沉陷裂缝处理

先挖去开裂破碎的部分,先用碎石或块石填满裂缝,后在填层上浇筑5cm厚的C20的混凝土,再在池底表面粉刷1∶2的水泥砂浆一遍。

三、沼气池的启动管理

(一)拌料接种

(1)接种物。在各种有机物厌氧消化的地方采集接种物。下水道污泥,屠宰场、肉食品加工厂、豆腐坊、丝厂、酒厂、糖厂等地的阴沟污泥,湖泊、塘堰沉积污泥,正常发酵的沼气地底脚污泥或发酵料液,以及陈年老粪坑底部粪便等,均可采集作为接种物(活性污泥)。新建沼气池投料或旧池大换料时,活性污泥接种量应加入量占原料总量的30%以上;或留下10%以上正常发酵的沼气池池底污泥,或10% ~30%沼气发酵料液作接种物。若新建沼气池没有活性污泥,也可用堆沤10d以上的畜粪或陈年老粪坑底部粪便作接种物。

有条件的地方,最好能对所选取的接种物进行富集、驯化和扩大培养。既可使不同区系的沼气微生物个体得到增值,又可使大量接种微生物群体适应入池后的新环境。

(2)拌料。①经过预处理的原料可直接入池并踏压紧实,并按浓度要求加水后进行沼气发酵。②新配制发酵料拌和后入池:先将风干铡碎或粉碎的作物秸秆铺入沼气池旁空地,其厚度约30cm左右,泼上拌合均匀的粪类原料、接种物和适量的水(用水量以淋湿不流为宜,一般不超过总加水量的1/3,冬季宜少些)。拌料时,要边泼洒边拌匀,操作要迅速,以免造成粪液和水分流失。拌和后的原料可直接入池发酵。

(3)没有拌料入池条件的地方,可直接将原料加入沼气池。方法是分层加料,先加一层秸秆,再加一层粪类和接种物,每层不宜太厚,并要层层踩压紧实。之后加水进行发酵。

(二)入池堆沤

将拌匀的发酵原料,从沼气池顶部活动盖口加入,边进料,边踩压紧实,这样做即可压缩秸秆容积,又有利于秸秆充分吸收水分,加大比重,减轻发酵过程中上浮结壳现象。原料入池后,即进行适当的池内堆沤,堆沤时间各地区随季节不同而异,一般春夏季节1 ~2d,秋冬季节3 ~5d为宜。进行池内堆沤,切忌盖上活动盖。如遇降雨天气或气温太低时,可在活动盖口覆盖遮蔽物,雨过天晴或气温回升后，应即时揭开，敞开活动盖口，以利于好氧和兼氧微生物发酵。

(三)加入封池

池内堆沤过程中，由于好氧和兼氧微生物的作用，发酵料液的温度不断升高。当池内发酵原料温度上升到40～60℃时(在上述堆沤时间内，一般可达此温度范围)，即可分别从进出料口加水(注意总加水量应扣除拌料时加入的水量)。加水完毕，可用pH试纸检查发酵料液的酸碱度，一般pH值在6以上时，即可将活动盖盖上封池。如果pH值低于6，可加上适量草木灰或澄清石灰水将pH值调整到7左右，再封池。封池后，应及时将输气导管开关和灯、炉具安装好，并关闭输气管开关。

(四)放气试火

按上述工艺流程操作，一般在封池2～3d后所产生的沼气即可使用。使用前要先在炉具上做点火试验(切忌在沼气池的导管上直接试火)，如能点燃，说明沼气发酵已经开始正常进行，次日即可开始用气。如果点不燃，要把池内的气体放掉，次日再进行点火试验，直到点燃为止。

四、秸秆沼气技术

伴随着全国畜禽分散养殖数量越来越少和农村沼气的发展，沼气原料(畜禽粪便)缺乏、单一问题突出显现，目前，许多沼气池因缺乏原料而不能正常运转。应用秸秆做沼气原料，可以弥补这一不足，使非养殖农户也用上清洁廉价的沼气能源，大大提高了沼气池的使用率。

秸秆沼气使用技术要点如下。

1. 备料

选择无杂质、无泥土、不发霉的秸秆柴草(干鲜均可)，准备一定比例的粪便和合适的塑料薄膜，每方混合好的原料再配备

200kg 能正常使用沼气的沼液。

2. 预处理(图 4-1 和图 4-2)

(1)秸秆粉碎。选择大功率的铡草机,铡完后秸秆长度为 2 ~ 3cm;

(2)加水润湿。按每 100kg 秸秆加 100kg 水的比例混合均匀,润湿 15 ~24h。翻动秸秆,使秸秆与水混合均匀,最终使秸秆含水率达到 65% ~70% 。

图 4-1　秸秆预处理

(3)调节碳氮比。由于玉米秸秆含碳量达到 40% ,含氮量 0.75% ,C : N 比 53 : 1,必须调整碳氮比。若碳氮比选 20 : 1,1kg 正常含水的干秸秆加入碳铵 50g 或尿素 19g;若碳氮比选 25 : 1,1kg 正常含水的干秸秆加入碳铵 40g 或尿素 15g。例如,一农户向沼气池加入 200kg 干秸秆,若碳氮比选 20 : 1,需加入碳铵 10kg。

(4)堆沤及要求。按 1.0 ~1.5m 宽堆垛,把碳铵用水稀释均匀的泼到秸秆发酵原料上。照此方法铺 3 ~4 层,堆好后用塑料薄膜覆盖,在垛的周围及顶部每隔 30 ~ 50cm 打一个孔,底部留缝隙,以利通气。(秸秆菌属好氧菌)待堆垛内温度达到 50℃ 以上后,维持三天,当垛内看到一层白色菌丝时,可把发酵原料入池。

图 4-2　预处理后的秸秆

3. 投料(图 4-3)

考虑到出料方便和防止结壳,投料前将发酵好的秸秆原料装入网眼袋。投入沼气池时,注意在厕所进料口处留有进料空间,以防止堵塞进出料管。池内的料液干物质含量控制在 6% ~10%。农村沼气发酵的适宜温度为 15 ~25℃。因而,在投料时宜选取气温较高的时候进行,具体某一天什么时间投料,则宜选取中午进行投料。

图 4-3　秸秆装袋

4. 加水封池(图 4-4)

原料和接种物入池后,向沼气池加入溶解好的碳铵 15kg 或等量尿素,加入沼液等沼气菌接种物,补水。以料液量占沼气池总容量积的80% ~85%为宜。然后将盖密封。

同时控制好发酵料液的浓度:夏季发酵料液浓度以6%左右为好,冬季发酵料液浓度以8% ~10%为宜。

图4-4 密封池盖

5. 放气试火

沼气发酵启动初期,通常不能点燃。因此,当沼气压表压力达到2kPa以上时,排放1~2d废气后进行放气试火。所产沼气可正常燃烧使用时,沼气发酵的启动阶段即告完成。

五、沼气池的日常管理

(一)沼气池发酵过程中的日常管理

(1)勤加料,勤出料。沼气池投料产气1个月后,每隔5~7d应小出料一次,同时加入相等数量的新料。三结合沼气池每天都有人畜粪便入池,只需隔5~7d小出料一次。10m^{3}沼气池的小出料数量应为0.5 m^{3}左右。为方便勤加勤出料,提倡在出料间旁边修建溢粪池或修建囤粪池。

(2)勤搅拌。搅拌能使发酵原料同沼气池内微生物成分接触,加快沼气的产生和阻止粪壳的形成。搅拌的方法,可用长把粪耙或竹竿木棍从出料口伸入主池来回拉动;也可从出料间舀出一部分粪液，倾倒入进料口，形成强回流，以冲动发酵料液。

(3)防寒保温。冬季气温下降，应多加秸秆、牛粪等热性发酵原料。同时在沼气池的进、出料口和主池上面覆盖秸秆或干草。有条件的地方，可用塑料薄膜在沼气池上搭棚、棚里种植蔬菜，既保持池内温度，又可进行综合利用。

(4)定期大换料。沼气池的大换料以每年 1 ~ 2 次为宜。换料时间，我国北方农村宜在 3 月中旬和 9 月下旬进行。只用人畜粪便作发酵原料的沼气池，如平时经常从出料间取料，不必每年都进行大换料。每次大换料前，都要先备足下池原料，并保留部分沼气池脚渣，作为菌种。

(5)密封养护。沼气池使用一段时间后，气箱容易发生渗漏，每年应结合大换料，对沼气池进行密封养护，以提高气箱密闭效果。常用的方法为：刷水泥净浆或刷密封胶。

(6)正确安放和保养活动盖。活动盖安装在沼气池的顶部，直径以 50 ~ 60cm 为宜。安装活动盖，应先将经过选择的黏性泥土，敲碎捣细，筛去石子和杂质，再将黏土粉粒用水发透，经反复拌合，使其具有黄泥般的黏性。安装活动盖时，要先将活动盖板周围和井口圈拌上这种黏土泥，并贴紧、抹光，再把活动盖平稳地放入进口圈中，用脚踏实。然后用手指塞紧泥缝，待黏泥收性后，将水加满进口圈，如发现有小气泡冒出，可用竹片、小木棍或手指将冒泡处及其周围的泥缝压实，必要时还可塞一些旧棉花纤维。经此处理，一般可以堵住漏气。如果发生多处冒泡，不能彻底堵住漏气时，则应在池子周围禁止一切明火的情况下，揭开活动盖，按照上述方法，重新进行安放。

进口圈要经常保持有水，以免泥缝干裂，发生漏气。

(二)沼气管路及灯、炉具的日常管理

(1)经常检查开关、三通管、输气管道是否漏气。如发现接头松动、输气管断裂或被老鼠咬破，应及时维修、更换。已发生老化的塑料输气管,应全部更换。

(2)压力表使用长久,表内水分会逐渐减少。要及时加水补充。玻璃管内如掉进尘埃,要及时清洗干净。

(3)要经常保持灯、炉具的清洁。使用沼气炉时,要避免异物阻塞炉具火孔。如果炉具的火孔被杂物阻塞或金属炉具的火孔已经生锈,要用刷子清刷干净,以免影响燃烧效果。

(4)沼气灯的喷嘴。如发生阻塞,可用细金属丝轻轻地疏通。

(5)沼气灯的纱罩。如果出现豌豆大的破洞,可剪一块比破洞稍大一点的新纱罩(可利用新纱罩的边角余料),然后把拴有破纱罩的灯头翻转朝上,将预先剪好的纱罩材料轻轻地放在旧纱罩的破洞上,微微地打开开关,点燃纱罩,稍事燃烧后,用光滑的金属板轻轻贴敷在新旧纱罩材料的连接处,待新旧材料融合在一起时,再将灯头轻轻翻转朝下,逐渐把开关开大,直到沼气灯发出明亮的白光为止。

(三)沼气池安全发酵

必须禁止加入各种大剂量的发酵阻抑物,特别是剧毒农药和各种杀虫剂、杀菌剂,以免使正常发酵遭到破坏,甚至停止产气。如出现这种情况,需将沼气池内发酵料液全部清除,并用清水将沼气池冲洗干净,再重新投料启动。

调整发酵液酸碱度使用的石灰、氨水以及为刺激发酵产气所添加的碳酸氢铵或尿素等,必须控制在适宜的浓度范围内,如不加限制的超剂量使用,不仅起不到应有的作用,反而会破坏发酵,影响产气乃至产气停止。

六、沼气运行过程中的故障排除

(一)“病态池”的诊断及原因

“病态池”有两种情况:一种是由于漏水漏气产生的病态;另一种是发酵受到阻抑而产生的病态。前者是宏观现象,采取措施进行补修即可达到正常运转。后者为微观现象，为肉眼所不可见，只有进行微生物和生物化学分析方能查明。研究表明，产气的好坏与乙酸的关系密切。粗略划分，产气好的沼气池乙酸含量在2 000mg/kg以下；产气差的沼气池，乙酸含量均在2 000mg/kg以上。乙酸过高对发酵有强烈抑制作用，使发酵缓慢，以至停止。造成乙酸大量积累的原因有几个方面：发酵原料浓度过大，产酸量大；酸性原料过多；甲烷菌种缺乏，酸的利用率不高，亦液化和气化不平衡，酸大量积累。

综上所述，产生“病态池”的最主要原因是配料不当、管理不善和缺乏甲烷菌种，以致挥发酸大量积累，造成发酵停滞。解决的办法是加入污泥菌种，调整发酵原料配比和除旧更新部分发酵物等，以达到甲烷菌种丰富，使发酵原料比例适宜、积累的挥发酸得到稀释。通过这些处理，可使沼气发酵恢复正常，产气量显著提高。

（二）沼气池运行中常见故障及处理方法

沼气池运行过程中的常见故障和处理方法参见表4-1。

表4-1　沼气池运行过程中的常见故障和处理方法

常见故障	原 因	处理办法
压力表上下波动，火焰燃烧不稳定	输气管道内有积水	①先关闭总开关，拔掉集水器后面的软管，再用高压气筒从灶前一方输气管强行将管内积水压入沼气池。②输气管道必须离地面35cm以下
打开开关，压力表急降，关上开关，压力表急升	导气管堵塞或拐弯处扭曲，管道通气不畅	疏通导气管，理顺管道
压力表上升慢，到一定高度不再上升	气箱或管道漏气。进料管或出料间有漏水孔	检修沼气池气箱和管道。堵塞进、出料间出现的漏水孔

续表

常见故障	原 因	处理办法
压力表上升快,使用时下降也快	①池内发酵料液过多或有浮渣。②出料间容积小、尺寸不够	取出一些料液或浮渣;改造出料间放大尺寸、增加出料间容积
压力表上升快,气多,但较长时间点不燃	①发酵原料接种物少。②发酵不正常。③农药或有毒物质侵入	排放池内不可燃气体,增添接种物或换掉大部分料液,调节酸碱度。全池换料,清洗池内
开始产气正常,以后逐渐下降或明显下降	①逐渐下降是未添新料。②明显下降是管道漏气。③池内装有刚喷过药物的原料,影响正常发酵。④池内温度降低	取出一些旧料,添新料。检查维修系统漏气问题。堆沤收集的原料,等药性消失后再入池。提高池内温度,冬季注意保温
平时产气正常,突然不产气	①活动盖被冲开。②输气管道断裂或脱节。③压力表漏气。④池子突然出现漏水漏气。⑤用后未关阀门或关不严	重新安装活动盖(一定注意安全)。先关闭总开关再接通输气管路修复压力表。用气后关紧阀门
产气正常,但燃烧火力小或火焰呈红黄色	①火力小是炉具喷嘴堵塞或火孔堵塞。②火焰呈红黄色是池内发酵过酸,沼气甲烷含量少。③空气配合不合理	用细铁丝捅通喷嘴或清扫炉具的喷火孔。适量加入草木灰或石灰水,取出部分旧料,补充新料。调节炉具空气调节板

续表

常见故障	原 因	处理办法
产气正常,炉具完好,但火力不足	沼气炉具混合空气不足	调节炉具的空气调节板
沼气灯点不亮或时明时暗	①气甲烷含量低,压力不稳。②纱罩存放过久受潮质次。③喷嘴堵塞或偏斜。④输气管内有积水。⑤纱罩型号与沼气灯的要求压力不配套	增添发酵原料和接种物,提高沼气产量和甲烷含量。选用100~300支光的优质纱罩。选用适宜的喷嘴。疏通和调正喷嘴。排除管道中的积水

(三)沼气灶使用中常见故障与排除方法

使用沼气灶常见故障与排除方法:用沼气做饭时,沼气灶具有时会发生故障。根据使用经验和实践,沼气灶具使用中常见的故障及其排除方法归纳于表4-2,供使用中参考。

表4-2 沼气灶使用中常见故障与排除方法

故障现象	产生原因	排除方法
漏气	①配气管路或接灶管连接不紧②塑料管年久老化,出现裂纹③阀芯与阀件间密封不好	①将接头拧紧②更换新管③涂密封脂或更换阀
回火	①火盖与燃烧器头部配合不好②风门开度过大,一次空气量太多③烹饪锅勺的位置过低,造成燃烧器头部过热④供气管路喷嘴堵塞⑤环境风速过大	①调整或更换火盖②调整风门③调整锅勺位置④清除堵塞物⑤调整门窗开度及换气扇转速
离焰脱火	①风门开度过大,环境风速过大②喷嘴孔径过大③火孔堵塞④供气压力过高	①调整风门,控制环境风速②缩小喷嘴孔径或更换喷嘴③疏通火孔④关小阀门

续表

故障现象	产生原因	排除方法
黄焰	①风门开度太小②二次空气供给不足③引射器内有脏物④喷嘴与引射器喉管不对中⑤喷嘴孔过大⑥锅支架过低	①开大风门②清除燃烧器头部周围杂物③清除脏物④调整对中⑤缩小喷嘴孔径⑥调整或更换锅支架
自动点火不着	①小火喷嘴或输气管路堵塞②小火燃烧器与主燃烧器的相对位置不合适③一次空气量过大④火孔内有水⑤点火器电极或绝缘子太脏⑥导线与电极接触不良或失效⑦脉冲点火器的电路或元器件损坏⑧压电陶瓷接触不良或失效⑨打火电极间距离不当⑩打火电极没对准小火出火孔⑪未装电池或电池失效(脉冲点火)	①疏通②调整小火燃烧器位置③调小风门④擦拭干净⑤用干布擦净⑥调整或更换⑦请专业人员维修⑧调整或更换⑨调整⑩调试好⑪装入或更换电池
阀门旋转不着	①密封脂干燥②阀门内零部件损坏③阀门受热变形④阀芯锁母过紧⑤旋钮损坏或顶丝松动	①均匀涂密封脂②更换零部件或阀门③更换阀门④更换阀门⑤更换旋钮或紧固顶丝
连焰	①燃烧器加工质量差,火盖变形②火盖燃烧器头接触不严密③在局部火孔处形成缝隙	①把火盖转动到适当的角度,使其不连焰②将两个相同负荷的燃烧器火盖互换③更换新火盖

七、沼气灯的科学使用方法

沼气灯是通过燃烧沼气所产生的高温,激发纱罩上的二氧化钍产生白色强光的,其亮度相当于40~60W的电灯泡。但若使用不当,容易烧坏纱罩或玻璃罩。下列几项技术,可延长其使用寿命。

(1)扎正纱罩,剪掉线头。初用沼气灯或新换纱罩时,应将纱罩牢固地套在泥头槽内,再用石棉线绕扎两圈以上。注意:纱罩不能偏斜,否则点燃时,由于纱罩歪向一侧,会使玻璃罩受热不匀而破裂。纱罩上的线头,要从结扎处平蒂剪掉,不留"尾巴"。如"尾巴"过长,既消耗热量,又会搭在纱罩上使之破裂。

(2)缓纽开关,离近点火。给沼气灯送气时,应缓扭开关,先小后大。送气过急,会冲破纱罩,甚至使纱罩脱落。使用过的纱罩,一触即碎,点火时应注意离近纱罩即可,切不可触及。

(3)张手吹气,慢调喷嘴。刚点燃的沼气灯,有时呈红黄色,不亮。可伸出手掌,五指并拢,斜对玻璃罩下孔,再往手掌上吹气,折射到纱罩上,使光焰白亮。不要直接往纱罩上猛力吹气,以防吹破纱罩。沼气灯如果仍然不亮,则应考虑到送气不匀或喷嘴不畅。其处理方法有两种:一是一手捏住吊杆,一手将灯帽边缘慢慢来回转动;二是扭动开关,一小一大,反复几次,使气冲动。待听到轻的"砰"响,灯随即被点亮。

(4)经常检查,及时更换。沼气灯最好每天使用,以防喷嘴锈蚀、堵塞。如沼气池产气正常而沼气灯不能点燃,则应考虑:①输气管道是否破损或折迭不畅,应及时更换或牵直。②开关是否松动、漏气,应经常检查、维修。③喷嘴是否锈蚀、堵塞,可用小针通开,再猛力吹气,使之畅通。④纱罩破损,应及时更换,切忌勉强使用,否则火焰会从破损口冲出,易烧炸玻璃罩。

八、沼气安全管理与安全用气

(一)沼气的安全管理

沼气是易燃易爆气体,因此对沼气池的日常管理,包括进、出料,压力的控制及点火用气等方面,都必须高度注意安全,否则,可能造成伤亡事故,或引起火灾。

(1)沼气池的进料和出料口要加盖。以避免小孩和牲畜摔入,造成人、畜伤亡。同时也有助于保温和减少氨态氮挥发。

(2)经常观察显示沼气池压力的水柱压力表。池压过大不仅影响产气,甚至可能冲掉池盖,此时应用塑料袋将沼气贮存起来。如果池盖已被冲开,需立即熄灭附近的烟火,以免引起火灾。

进料或出料时也要随时注意水压表上水柱的变化。在进料时如果压力过大应打开导气管放气,并要减慢进料的速度;出料时,如果水压表上显示负压,应暂时停止用气,待恢复正常后再行用气。

(3)禁止在沼气出料口或导气管点火。以免引起火灾或造成回火,致使池内气体剧烈膨胀,爆炸破裂。

(4)沼气灯和沼气炉不要放在衣物、柴草等易燃物附近,点火或燃烧时要特别注意安全。要特别注意经常检查输气系统是否漏气和畅通。如果漏气,应立即采取措施使空气对流,排除大量沼气后才能点火;如果发生导出气道堵塞,必须马上清理。

(二)沼气池的安全维修

沼气池是一个密闭容器,空气不流通,缺乏氧气,所产气体主要为甲烷、二氧化碳和一些对人有毒害的气体,如硫化氢、一氧化碳等。当甲烷浓度达到30%时可使人麻醉,浓度为70%时可使人窒息死亡;二氧化碳也是一种窒息性气体;再加上一些有毒气体也有麻醉和毒害作用,因此在经过发酵的沼气池和刚出完料的沼气池内,禁止人进入进行检查和维修,否则极易造成安全事故。

检查和下池清除沉渣及进行维修,必须采取严格的安全措施。由于沼气池中的发酵料出完后需要一段时间的空气对流,或采取一定的措施后,沼气和有毒气体才能完全排除,因此在清除料渣和查漏修补沼气时,要先将活动盖揭开,并将料渣出到进料口和出料口以下,敞开晾置几天,以使池内空气流通,并排除大量的沼气。也可采用鼓风的办法迅速排除池内的沼气。为安全起见,维护人员入池前,可先用动物进行试验,如将鸡或兔子放入池内进行试验,若动物活动正常,表明池内空气充足,人员可进入池内开展工作;若动物活动异常,甚至出现昏迷,表明池内严重缺氧或残余有毒气体尚未排除干净,维护人员严禁入池工作。维护人员入池时还应采取保险措施,最好是系上安全带,池外还要有人看护,一旦入池者有头晕,发闷或不舒服时,马上将入池者从池内救出,放置空气流通处进行抢救。这里应特别强调,在无保护措施的情况下,施救人员万不可下到池内救人,否则,可能造成更为严重的伤亡事故。

鉴于沼气极易燃烧的特点,当揭开活动盖出料时,严禁工作人员在沼气池周围点火吸烟。在入池出料、维修和补漏时,不能用油灯和蜡烛等明火照明,只能使用电灯或手电筒,以免点燃池内残留的沼气,发生烧伤事故。

(三)沼气窒息中毒后的抢救

(1)如发现入池者在沼气池内昏倒,而又无法迅速救出,应采取各种办法向池内通风,尽快排除池中有害气体,切不可盲目下池营救,以免造成连续多人发生窒息中毒事故。

(2)将被救病人移至空气新鲜处,解开胸部钮扣和腰带,进行抢救,同时要注意保暖,防止病人受凉,情况严重者,紧急送往医院。

第二节 生活污水净化沼气池

一、运行管理要求

(一)管理人员及执业资格

运行管理人员须由专业公司或者专业技工负责净化池的运行服务和维护工作。运行管理人员必须熟悉净化池处理工艺和设施、设备的操作要求、常见故障诊断及处理方法。运行管理人员须接受过县级以上行政部门的沼气池管理技术专业培训,并应持有沼气物业管理员或者初级沼气生产工以上(含初级工)的执业资格证书。专业公司须具有持执业资格证书的沼气生产工(包括沼气物业管理员)不少于5人,有必要的污泥抽排和检修设备。

(二)运行管理职责

负责对净化池的启动调试、日常管理维护、污泥清掏和填料更换。负责指导用户正确使用净化池,向用户传授净化池管理使用、安全操作,以及处理后污水排放等有关知识。负责运行管理记录建档,定期报备行业管理部门。如果更换运行管理人员应将有关档案移交。

(三)运行管理内容

净化池根据《生活污水净化沼气池技术规范》(NY/T 1702—2009)、《生活污水净化沼气池标准图集》(NY/T 2597—2014)和《生活污水净化沼气池施工规程》(NY/T 2601—2014)的技术要求建造,验收合格后应及时启动和使用。启动之前,净化池经过气密性和水密性检验合格后将水保留至有效容积80%。装置启动应加入相当于厌氧消化单元有效容积10%~15%的接种物。

二、日常管理维护

(一)定期检查

检查时间应按照每周或者每月进行,由运行管理人员列出时间表对所管理区域的净化池进行定期巡查,及时发现问题并解决或者上报,作好相应记录。检查内容须包括:净化池运行及进出水量是否正常,管道是否畅通,进出水质有无明显异常;净化池外观是否完好,有无裂缝、渗漏,井盖是否盖好;所产沼气是否正常利用或者安全排放。

(二)周期维护

净化池每隔2~4年须进行一次全面的检查维修,净化池每年须检查一次厌氧消化单元的气密性。

（三）污泥清掏与填料更换

净化池的除沙池须30d清渣一次，净化池污泥宜采用机械清掏，每年一次。清掏出的污泥废渣经过无害化处理后宜用作农肥。净化池内填料和滤料须按照设计要求进行更换、清洗。

（四）运行效果监测及要求

1. 出水排放要求

生活污水净化沼气池出水可以农用、回用或直接排放。用于农用或回用的净化池出水应达到《农田灌溉水质标准》（GB 5084—2005）和《粪便无害化卫生要求》（GB 7959—2012 ）的要求。直接排放的污水应达到《城镇污水处理厂污染物排放标准》（GB 18918—2002）中三级标准或更高要求。

2. 检测项目

生活污水净化沼气池的定期检测项目及周期按表4-3进行，检测分析方法按照《城镇污水处理厂污染物排放标准》（GB 18918—2002）所执行的方法进行。

表4-3　生活污水净化沼气池定期检测指标

序　号	检测项目	检测周期
1	pH值	半年一次
2	化学需氧量（COD）	半年一次
3	悬浮物（SS）	每年一次
4	生化需氧量（BOD5）	每年一次
5	氨氮（NH3-N）	每年一次
6	总氮（TN）	每年一次
7	总磷（TP）	每年一次
8	粪大肠菌值	每年一次

（五）安全管理

1. 沼气安全利用操作

严禁在净化池边导气口点火，若因为特殊情况必须在净化池附近进行明火操作时,应采取相关的安全保护措施。若要利用沼气,其沼气输配气系统的安装和运行管理应该符合规范的规定,燃具使用要规范,安全用气。

2. 维修清掏安全

净化池进行清掏和维修时,必须采取可靠的安全措施,严禁在池边使用明火或者吸烟,所有开启人孔和池盖都必须有安全警示标志。进净化池人员,应特别注意个人安全防护要求。在采用机械设备排空所有料液后,打开净化池人孔盖和其他盖板,采用人工或机械方式向池内鼓风,排尽池内沼气,须用活体家禽进行验证。下池检修或清理时,不允许单人操作,下池人员须系好安全绳,池上应由专人监护,下池人员稍感不适,应立刻送到通风处休息。下池人员不得用明火照明或点火吸烟,在池内照明智能用手电筒或防爆灯。

第三节 大中型沼气工程

一、大中型沼气工程验收管理

(一)验收原则

1. 大中型沼气工程的施工验收

应由施工单位提出申请报告由建设单位邀请设计单位和其他单位的同行、专家,施工单位的上级主管部门技术领导,使用单位技术负责人,以及施工合同书中明确的公证处代表等组成验收组。验收组组长应由具有技术水平及丰富实践经验的技术人员担任,验收组下设技术资料审查组和测试组。

2. 工程验收时,施工单位应交付如下技术文件及资料

(1)由设计单位提供的全部设计图纸或工程施工图,同时提

出设计变更图纸及文字资料。

(2)由设计、建设、施工三方有关技术人员参加的设计图纸会审记录。

(3)各单项工程,特别是隐蔽工程的试验、检查、验收记录。

(4)各类建筑材料、产品的出厂证明书和合格证书以及材料试验报告单,仪表的技术说明书和合格证书。

(5)钢材、水泥、砖等重要建筑材料的现场抽查检验试检报告。

(6)沼气钢管的材质及焊接试验及检查记录。

(7)施工单位的施工组织设计书。

(8)重大施工方案的重要会议记录或组织手续书

3. 施工验收时应遵守国家的有关标准、及验收要求

根据所制定的验收大纲,明确验收内容。

(二)验收程序

(1)审查设计图纸及有关施工安装的技术要求和质量标准。

(2)审查管道、阀门、设备、建材的出厂质量合格证书,非标设备加工质量鉴定文件,施工安装自检记录文件。

(3)工程分项外观检查。

(4)工程分项检验与试验。

(5)工程综合试运转。

(6)返工复检。

(7)工程竣工验收合格证书签署。

二、验收内容

(一)厌氧消化池及其附属构筑物

1. 土方工程

(1)厌氧消化池地基土质承载力检验。

(2)回填土分层压实情况和压实系数。

(3)隐蔽工程。

2. 钢筋工程

(1)原材料质量合格证件。

(2)钢筋及焊接接头的试验数据。

(3)设计变更和钢材代用证件。

3. 混凝土工程

(1)混凝土试块的试验报告及质量评定记录。

(2)混凝土振捣密实等施工记录。

(3)工程重大问题的处理文件。

4. 钢筋混凝土工程

除上述2、3项验收内容外,还有:

(1)装配式结构构件的制作和安装验收记录。

(2)竣工图及其他文件。

(3)外观抽查。

5. 砌体工程

(1)材料的出厂合格证或试验资料。

(2)砂浆试块强度试验报告。

(3)砖石工程质量检验评定记录。

(4)技术复核记录。

(5)隐蔽工程验收记录。

(6)冬季施工记录。

6. 钢结构工程

(1)钢结构施工图、竣工图和设计变更文件。

(2)安装过程中所达成的协议文件。

(3)安装所用的钢材和其他材料的质量证明书或试验报告。

(4)隐蔽工程中间验收记录,构件调整后的测量资料以及整个钢结构工程(或单元)的安装质量评定资料。

(5)焊缝质量检验资料、焊工编号或标志。

(6)高强度螺栓的检查记录。

(7)钢结构工程施工过程中的有关试验记录。

7. 附属装置

主要指与厌氧消化池相关的进出料系统、升温系统、搅拌系统、检测系统、控制系统以及消化他内的结构等,它们与消化池体体有关部位的连接位置、方式、连接件尺寸等。包括以下几个方面。

(1)连接位置是否准确。

(2)连接方式(如焊接、螺栓)。

(3)连接处的质量状况。

(4)连接件的尺寸、角度。

8. 密封层质量

(1)密封材料及涂料产品质量出厂证明书和现场抽样试验报告。

(2)防水密封层的施工记录,密封层厚度及夹层水密封的施工质量检查记录。

(二)储气柜

(1)钢材、配件和焊接材料的合格证书。

(2)气柜焊缝、水槽壁检查记录。

(3)基础沉陷观测记录。

(4)气柜防腐施工记录。

(5)气柜总体试验记录(如气柜升降试运转)。

(6)设计变更文件。

(三)管道工程

(1)管道土方施工质量的检验。

(2)管道本体及其接口的材质和加工质量的检验。

(3)管道防腐层材质及施工质量检验。

(4)管道接口材料及施工质量检验。

(5)管道附件性能、材质、加工精度以及安装质量检验。

(6)管道强度试验。

(7)管道气密性试验。

(四)入户管

(1)管路安装位置检验。

(2)管路管材检查。

(3)管路接口及阀门安装质量检查。

(4)用户计量表质量及精确度检查。

(5)管路气密性试验。

三、验收方法和标准

(一)厌氧消化池及其附属构筑物

(1)土方工程。根据《土方与爆破工程施工及验收规范》(GB50201—2012),重点对消化他地基土质的允许承载力是否达到或超过设计允许承载力;回填土的分层厚度及夯实,可采土质取样测定是否达到设计要求。

(2)钢筋工程。根据《钢筋焊接及验收规范》(JGJ18—2012),重点检查钢筋及焊接接头的试验数据。

(3)混凝土工程。根据《混凝土结构工程施工质量验收规范》(GB50204—2002),重点审查混凝土工程施工记录、试块的验收报告及对混凝土构件的强度检测。

(4)钢结构工程。根据《钢结构工程施工质量验收规范》(GB 50205—2001),重点审查施工过程的有关实验记录,特别是焊缝质量检验资料,以及钢结构工程的安装质量评定材料。

(5)砌体工程。根据《砌体工程施工质量验收规范》

（GB50230—2002），主要针对砂浆强度、砌体强度的试验报告进行审查。

（6）附属设施。根据相关标准、规范及设计的图纸逐项核对，并可采用测量工具现场对尺寸等指标进行测量。

（7）密封层质量。根据《地下防水工程施工及验收规范》（GB50208—2011），对消化池进行坑渗漏水、漏气检验，其沼气漏损率不大于1.5%。

（二）储气柜

根据《地基与基础工程施工及验收规范》（GB50202—2009），对储气柜水封池进行注水试验，检查水封池是否漏水，并对基础进行沉降观察。

对储气柜焊缝采用肥皂水涂刷方法进行气密性检查。检查储气柜在升降过程中有无卡轨、脱轨现象。对于柔性气柜，需进行充气密闭性实验，检查有无漏气情况。

（三）管道工程

管道工程施工属于隐蔽和燃气具有可燃性特点，工程的验收必须是贯穿整个施工过程，要求具有完整的资料和图纸，并要现场核实，并取得有关单位的认可方能验收。

（1）质量指标。是验收的核心，主要包括：气密性、组装与焊接、坡度、内外防腐。这些指标对工程质量起决定性作用，关系到管网运行是否安全可靠，要仔细审查核对，必须达到设计要求。

（2）钢管焊缝的验收。标准必须符合《工业管道工程施工及验收规范》（GB50235—2010）及《现场设备、工业管道焊接工程施工及验收规范》（GB50236—2011）中有关焊缝内、外部质量的规定和检验方法。

（3）管道附属设备。如凝水器、阀门等的验收应符合城镇沼气集中供气管网系统的验收规范。

(4)当完成各类书面资料和现场验收后,即进入气体置换和通气阶段。完成通气后方由建设部门和施工单位共同签字,办理工程移交手续。施工单位对所施工的工程质量保用期为一年。以移交日起算,凡在一年内发生质量事故,由施工单位无偿修复。

(四)入户管

入户后的地上管工程竣工后,施工部门应先对管道和设备进行外观检验和气密性检测,合格后由有关部门正式验收。

(1)管道和设备符合设计要求的情况。管道位置按图施工,尺寸、部位正确,设备安装符合设计要求。

(2)管道设备的外观检验。管道设备的外观检验内容和技术要点如下。

坡度。横向坡度室外管不小于0.3%,室内管不小于0.1%。地上沼气管的竖管要求与水平垂直,允许1%的偏斜。

稳固性。地上管应固定在墙、支架等牢固的建筑物上。卡件和支架应与管径相配合,其间距符合要求,并设置稳固。

合理性。管线最短,使用管件最少。但应保证管线的安全和美观。同时检查卡件、集水管、放散管、测点等设置是否合理。

美观。沼气表安装墙正、管子走向合理.弯势大小恰当、位置正确等。

(3)管道和设备的气密性。低压沼气管用表压为3KPa的空气检验,10min内压力应无下降。使用压力高于2KPa的沼气管道,一般以高于使用压力1倍的空气进行检验,10min内压力降不大于100Pa。

四、运行管理方法

(一)启动沼气工程

(1)制定启动方案。工程启动前,要制定工程启动实施方案,并在实施中根据现场情况及污水处理工况及时调整启动运行方案。

(2)调试和检验。对新竣工的沼气工程,对沼气发酵装置和系统要进行水密性和气密性的耐压试漏检查,首先对单体装置进行检查,之后是系统合并检查;对运转设备需进行单机试运转检查,待单机试验合格后,再进行设备的联动试运转,只有当联动试运行合格后,才能进行工程调试运行;对测压、测温、pH 计等仪表单体检查;对管路阀门开关畅顺情况检查。遇到问题在启动之前排除故障,以保证工程正式启动的顺利进行。

(3)选取接种物。根据工程单体发酵容积的大小,选取足量较好活性的接种物。厌氧发酵装置新排出的脱水污泥活性较好;接种污泥量是越多越好,一般情况接种量是发酵有效容积的1/10~1/3,不足者可以逐渐富集到这个量。具体方法:在已验收的集水池内放入一定量的厌氧污泥,再加入经稀释后需处理的污水,刚开始富集时,浓度不宜过高,根据发酵情况(一般控制:在池表面有大量的沼气气泡产生,说明发酵情况良好),再加入新鲜需处理的污水,污水浓度和逐步提高,并经常加以搅拌,直至能满足启动时所需要的污泥量为止。

(4)工程启动。沼气工程的启动首先是厌氧发酵装置的启动。要明确正常厌氧发酵的参数值为:pH 值 6.8~7.5;运行温度,高温运行为(54±1)℃;中温运行(35±1)℃;常温运行 15℃以上,近中温运行 25~30℃;COD 去除率为 80%;生产沼气甲烷含量 50% 以上,沼气火焰为蓝色。启动运行时,人为创造条件,使之达到正常运行的最佳参数。

大型沼气工程启动时,不需要追求严格的厌氧条件,水中的溶解氧会很快被种泥中的兼性厌氧菌消耗并形成严格的厌氧条件。对于畜禽废水,启动相对容易,可以加快启动速度,启动时所进的料液易为经熟化的料液(如工程中设有水解酸化池,畜禽污水经1～2d水解酸化,即可认为料液已经熟化)。在进行发酵装置启动时,如装置内放有一定量的清水(一般不大于容积的80%),更有利于厌氧装置的启动。进料浓度不宜过高,一般进料COD含量控制在4 000～5 000mg/L;进料不宜过大,根据启动时的菌种量进行调节,启动时进料量控制在正常进料量的5%～10%,并采用少量多次的进料方法;同时加大循环量,只有当发酵装置内料液的pH值和产气情况正常时,才能加入新的料液。

启动一般可分为三个阶段,第一阶段为启动初始期,厌氧反应器的负荷由0.5～1.5kgCOD/(m^3·d)或污泥负荷0.05～0.1kg/(kgVSS.d)开始;第二阶段反应器负荷上升至2.5kgCOD/(m^3·d);第三阶段厌氧反应器负荷可超过5kgCOD/(m^3·d)以上。

如果大中型沼气工程为能源环境工程,其后处理工序一般有好氧工艺的存在,常用的好氧SBR处理方法的运行分四个阶段即:进水阶段、曝气阶段、沉淀阶段、出水阶段。根据不同企业不同的生产和污水排放的特点,进行灵活调整。

(5)启动期间的组织管理。工程启动能否顺利成功,启动期间的组织管理很重要。在制定启动工作方案的基础上,要对员工进行运行前培训,或是请进来或是走出去。要组织专人负责监测相关数据,和认真记录每天工作情况及发生的一切现象。进料必须准确记录进料时间和进料量;进料和排出料液以及发酵罐内料液的pH值和温度等。在没掌握正常运行规律的情况下,除了监控上述参数外,还必须监测上述环节的COD含量和产气的甲烷含量。用上述参数的变化曲线,预测发酵的发展趋势,制定进料方案包括进料量、进料的pH值和温度等。

(二)建立健全管理制度

管理是保证系统正常运行的关键,为了保证系统正常运行,要建立健全各种规章制度。

1. 运行管理总则

(1)运行管理人员必须熟悉项目的工艺和设备、设备的运行要求和技术指标。

(2)操作人员必须了解项目的工艺,熟悉本岗位设施、设备的运行要求和技术指标。

(3)各岗位应有工艺系统网络图、安全操作规程等,并应示于明显部位。

(4)运行管理人员和操作人员应按要求巡视检查构筑物、设备、电器和仪表的运行情况。操作人员发现运行不正常时,应及时处理或上报主管领导。

(5)各岗位的操作人员应按时做好运行记录。数据应准确无误。

2. 安全生产制度

(1)严格遵守安全生产规章制度和操作规程的各项规定。

(2)沼气站内严禁烟火。有电气设备的车间和易燃易爆的场所,应按消防部门的有关规定 设置消防器材。

(3)凡对具有有害气体或可燃气体的构筑物(如集水池、厌氧池以及污泥池)进行防空清理 和维修时,必须采取通风、换气措施,待可燃与有害气体含量符合安全规定时,证明无危险后,方可操作。

(4)清理机电设备及周围环境卫生时,严禁擦拭设备运转部位,冲洗水不得溅到电缆头和电机带电部位及润滑部位。不允许在运转设备周围更换衣服。

(5)高空作业时,必须做好防护工作。

(6)电气设备、线路发生故障后,立即切断电源,各种设备维修时必须断电,并应在开关处 悬挂维修标牌后,方可操作。

(7)雨天或冰雪天气,操作人员在构筑物上巡视或操作时,应注意防滑。

(8)各岗位操作人员应穿戴齐全劳保用品,做好安全防范工作。

(9)具有有害气体、易燃气体、异味和环境潮湿的地点,必须通风。

(10)工作地点与通行道路应保持整齐、清洁,工作场所不得堆放一切不稳定的物品。

3. 交换班制度

(1)接班人员提前15min到达岗位,全面认真了解上一班生产情况。

(2)交班者应按交班内容详细交接清楚,不得马虎。

(3)交班时如发生事故和不正常情况,由交班者处理,如短时间难以解决,得到接班人同意后,再进行交接。

(4)交班期间发生事故与问题,由交班者负责。接班后发现事故与问题,由接班者负责。

(5)交接内容:本班出勤人数、工作情况;工艺指标完成情况;设备、仪器运转使用情况;目前操作情况,检查记录与实际核对;原材料使用消耗情况;工作环境卫生状况;工具、防护工具是否齐全;领导有何指示。

(三)工程单元的运行管理

1. 沼气发酵装置的运行管理

(1)认真检测运行参数。运行参数包括每班或是每天的进料量、进排料液以及罐内各个采样点料液的温度、pH值、COD含量和SS含量,对温度和pH值需要每班监测。在没有掌握运行规律前,COD含量和SS含量需要天天监试,运行稳定以后,可以几天或是每周测一次。

(2)利用监测数据指导工程运行。通过监测沼气发酵运行中的各项数据,控制污泥的回流量、进料量和进料温度等;把上述参数列成表格,用按时填报表格的方式督促岗位操作者认真负责地监控系统运行。也可以通过这些数据分析 pH 值和温度的变化趋势,指导系统运行。

(3)原料的前处理。原料前处理是保证沼气发酵罐稳定正常运行的首要前提条件,其中包括沉砂、去掉大块杂物、清除浮渣等;把进料温度提到高出正常运行温度的 3 ~5℃;用回流上清液调节进料的 pH 值和料液浓度,进料浓度应低于 6%,参照事先配好的样品进行比较;进料液的 pH 值在 5 ~7,根据罐内污泥含量高低而异。

(4)进料量控制。根据监测上述参数,确定每天的进料量。进料量过多,容易引起运行酸化,甚至运行失败;进料量过少,没充分发挥装置的效益。每天或每次进多少原料,应在参考设计进料量的基础上,主要依据工程运行效果来确定。

(5)排出液的后处理。畜禽粪污沼气发酵的后处理,一是实现零排放目标,上清液或是回用稀释畜禽粪便,或是经过调质浓缩成为营养液的液面肥和无土栽培的液体肥。沼渣经过调质处理生产生物复合有机肥。发酵排出液实现零排放是最佳处理方案。另一种方案是达标排放,沼渣同样用作生物复合有机肥的原料,上清液或是流经氧化塘或人工湿地做进一步处理,或是采用污水好氧处理,最终达标排放。

(6)沼气发酵罐内料液的搅拌。料液搅拌有机械搅拌、气搅拌或料液搅拌。无论哪种搅拌都要按照设计的搅拌时间和速度规定进行。搅拌目的便于新入罐内的料液与罐内原有的污泥充分接触,便于生物发酵充分达到产气旺盛的目的。

(7)沼气发酵罐排泥。沼气发酵罐排泥应该定期进行,排泥开始前必须使罐顶储气空间与大气连通和畅通，排污阀渐渐开启，一定避免罐内形成负压。

（8）沼气发酵罐定期清理。沼气发酵罐排空清理时，必须使罐底入孔与罐顶安全入孔敞开，经过充分通风换气，注意安全防火和人身安全，进入罐内作业要有安全防护措施和他人监护措施。沼气罐恢复正常工作要按启动时的准备工作进行。

（9）防寒防冻管理。进入冬季前，应认真做好寒冬正常运行的管理工作，认真检查和加强阀门、水封、人孔、凝水器、管道、固液分离装置等部位的防寒保温措施。

2. 泵及搅拌器类设备运行管理

（1）认真读懂设备出厂的使用说明书，严格按规定操作管理。

（2）水泵在运行中，必须严格执行巡回检查制度，并符合下列规定。

应注意观察各种仪表显示是否正常、稳定；

注意轴承温升，温度不得超过75℃；

应检查水泵填料压盖处是否发热，滴水是否正常；

水泵机组不得有异常的噪音或振动。

（3）应使泵类机电设备（搅拌器等）保持良好状态。

（4）操作人员应保持泵房的清洁卫生，各种器具应摆放整齐。

（5）应及时清除叶轮、阀门、管道的堵塞物。

（6）水泵启动或运转时，操作人员不得接触转动部位。

（7）严禁频繁启动水泵。

（8）水泵运行中发现下列情况时，应立即停机：

突然发生异常声响；

轴承温度过高；

压力表、电流表的显示值过低或过高；

管道、闸阀发生大量漏水。

3. 电器及监测仪表的运行管理

(1)认真读懂各仪表的出厂使用说明书，严格按规定使用操作。

(2)操作者应注意观察各种设备或系统的控制信号是否正常，并做好运行记录，发生故障应立即通知检修人员或运行管理人员。

(3)对控制仪器和显示记录仪表应按时察视，发现异常情况应及时采取措施。

(4)各类检测仪表的传感器、变送器和转换器均应按照要求清污除垢。

(5)当仪表出现故障时，不得随意变动已布设的检测点，也不得随意拆卸变送器和转换器。

(6)控制室内所有控制仪器与设备应在规定的电压下工作。

(7)当发现某个工序故障报警或设备因故跳闸时，必须立即停机，检修必须在设备断电的情况下进行，在排除故障后方可重新通电。

4. 调节池和酸化升温池的运行管理

(1)调节池和酸化升温池是厌氧发酵罐进料的前处理池，液位应保持设计要求的高度。

(2)经常检查浮渣去处装置的排渣情况。

(3)按设计要求定期排泥，排后及时关闭阀门。

(4)清捞浮渣、清扫堰口时，应采取安全监护措施。

(5)与排泥管道连接的闸井、廊道等，应保持良好通风。

5. 储气柜、净化设施和输气管路的运行管理

(1)对储气柜运行管理的中心环节是防止漏气。经常试漏后启动运行的沼气储柜，应定期更换浮罩顶盖上的安全防爆胶板，并设有防老化护罩措施。

防止漏气：经常检查水槽和水封中的水位高度，防止沼气因水封高度不足而泄漏。定期对柜体表面进行检查和涂刷油漆，以防钟罩钢板腐蚀而穿孔漏气。

(2)定时观测储气膜的储气量和压力，并做好记录。储气膜的气体压力须保持在系统正常压力下，一般为2 500～3 000Pa。

(3)储气柜的水封应保持在设计的水封高度，夏季应适时地补充清水；冬季当气温低于0℃时应采取防冻措施。

(4)沼气管道或冷凝水收集器内的冷凝水应定期排放，排水时应防止沼气泄露。

(5)脱硫装置中的脱硫剂应定期再生或更换，冬季气温低于0℃，应采取防冻措施。

(6)干式脱硫的，脱硫率应大于90%；湿式脱硫的，脱硫率应大于60%。

(7)水封罐的液位应保持在标准高度上，高低及时排放或补充。

(8)工作人员上下沼气储气柜察视、操作或维修时，必须防静电产生，并不得穿带铁钉的鞋或高跟鞋。

(9)冬季应注意水封池及排水阀的防冻，以防负压和超压。

(10)储气膜避雷针每年雷雨前必须做好检修、保养、检测工作，接地电阻$<10\Omega$。

(11)家庭使用沼气时，应定期检查连接软管是否连接可靠，并隔1～2年更换新的连接软管，防止因软管老化而产生沼气渗漏。在沼气不用的情况下，应关闭进户总阀门，确保安全使用沼气。如发现有漏气现象，不能使用明火或电灯进行照明，应关闭进气阀并打开门窗进行通风，待确认安全，查明原因后方可继续使用。

(12)在夏天太阳大温度高时，热水工程管道不能进冷水，防止爆管；假若爆管，不能在太阳大时更换管子，避免烫伤。

(四)工程单元的安全管理

1. 安全生产与防火

(1)沼气站内管理人员必须严格按照沼气系统安全运行规程,进行安全生产。重视沼气的危害性和危险性,谨慎管理。

(2)沼气站内管理人员必须严格按照沼气设备产品说明书的规定进行管理及维护,保证沼气设备的正常运行。

(3)沼气站内一律禁止明火,严禁吸烟。沼气系统区域内严禁铁器工具撞击或电焊。

(4)沼气站建立出入检查制度,严禁小孩及闲杂人员进入。严禁打火机等危险物品的带入。

(5)严禁沼气站内管理人员进入运行中的加盖集水池、加盖酸化调节池、厌氧罐、储气罐等含有沼气的构筑物进行操作。这些构筑物需维修时,应严格按照安全维修操作规程进行。

(6)定期检查沼气管路系统及设备的严密性,如发现泄漏,应迅速停气修复。检修完毕的管路系统或储存设备,重新使用时必须进行气密性试验,合格后方可使用。沼气主管路上部不应设建筑物或堆放障碍物,不能通行重型卡车。预防沼气泄漏是运行安全的根本措施。

(7)沼气储存设备因故需防空时,应间断释放,严禁将储存的沼气一次性排入大气。放空时应认真选择天气,在可能产生雷雨或闪电的天气严禁防空。另外,放空时应注意下风向有无明火或热源(如烟囱)。

(8)由于硫化氢和二氧化碳比空气重,须防止在低凹处积聚(如检查井),以防止人窒息。

(9)沼气站内必须配备消火栓、若干灭火器及消防警示牌,并定期检查消防设施和器材的完好状况,保证其正常使用。

2. 厌氧消化罐日常安全管理

(1)每天观察厌氧消化罐进出水是否正常。

(2)顶部的水封圈是否有跑气、跑料现象,如有跑气、跑料情况,应检查出水管和沼气管是否阻塞。

(3)定期给顶部的水封圈补充蒸发而损失的水分,并防止水封圈内水结冰。

(4)厌氧消化罐周围和顶部严禁吸烟和电、气割等操作。

(5)定期检查厌氧消化罐的操作体、栏杆等金属构件的腐蚀状况,及时防腐处理。

(6)定期检修厌氧消化罐,防止罐内设备腐蚀损坏。

(7)在厌氧消化罐排空后,应将水封罩抬起,搁在平台上,再打开入孔,用鼓风机从入孔向罐内鼓风2~3d。并为了安全,操作人员不能立即进入,应先用活鸡、鸭做试验,检验罐内沼气对人是否有危害。在罐内清理时,不得使用明火和电灯照明,应采用安全灯照明。操作人员不得单独进入罐内,在罐内停留时间不得超过30min,如有不适应尽快出来,防止窒息。

3. 储气柜日常安全管理

(1)严禁在储气柜周围吸烟、点火或试气。

(2)日常监测储气柜周围及相关的管道和阀门,如有漏气现象,应及时排除。重新使用时,必须进行气密性试验,合格后方可使用。

(3)对于轮子的轮轴应半年加一次润滑油,保持轮子旋转自如;注意观察储气柜升降是否卡位现象,如有应尽快找出原因并排除后方可继续使用。

(4)当消化系统停止运行时,应将储气柜内气体完全放空,严禁储气柜存放气体。

4. 沼气输配系统安全运行安全管理

(1)压力控制。压力是沼气系统正常稳定运行的重要参数,必须随时观察压力的情况,如有异常应立即检查。如管道压力升高,则必须检查是否管道堵塞、凝水器积水及积水结冰、脱硫塔中脱硫剂结块、储气柜卡住等情况,如发现应立即排除;如管道压力降低,则必须检查是否有管道及沼气设备(储气柜、脱硫塔、气水分离器等)破裂、泄露等情况。

(2)沼气管道的阻火。如果沼气系统存在负压,将在沼气管道内产生回火。回火会使温度升高,产生气体膨胀,从而破坏管道和设备,严重时会导致沼气泄露并产生爆炸。因此,沼气管道上的阻火器应加强日常管理。如湿式阻火器应经常检查水封罐内的水位,随时补充蒸发掉或沼气带走的水分。水封高度一般控制在50~100mm范围内;如干式阻火器应定期取出金属丝网用洗涤剂清洗,目的是防止其阻力增大,更重要的是金属丝网上结垢太多时,其吸热速度及效率降低,影响其阻火功能。

第五章 沼气、沼液和沼渣的综合利用

第一节 概 述

一、沼气发酵产物的形成和特性

畜禽粪便、作物秸秆等有机废弃物在厌氧条件下经微生物作用而生成可燃性气体——沼气,其发酵残留物为沼液和沼渣(统称为沼肥)。通常我们把沼气、沼液、沼渣俗称为“三沼”,把农村沼气综合利用称为“三沼”综合利用。沼气发酵不仅是一个生产沼气能源的厌氧微生物过程,而且伴随着这一过程富集了有机废弃物中的大量养分,如氮、磷、钾营养元素和锌、铁、钙、镁、铜、铝、硅、硼、钴、钒、锶等丰富的微量元素;同时,沼气发酵过程中,复杂的厌氧微生物代谢产生了许多参与代谢的、具有生物活性的一些“生物活性物质”,包括丰富的氨基酸、B族维生素、各种水解酶类、植物激素、腐植酸等。沼气是优质的气体燃料,沼渣沼液是很好的有机肥料,沼气发酵产物具有广泛的综合利用途径和示范推广前景(图5-1)。由于发酵原料的多样化和沼气发酵涉及微生物群类的复杂性,沼气发酵过程中代谢产物是非常丰富的。沼气发酵系统中的多种代谢途径和丰富的代谢产物构成了沼气发酵的多功能性。

(一)沼气的特性

沼气是一种混合气体,其成分不仅取决于发酵原料的种类及相对含量，而且随发酵条件及发酵阶段的不同而变化。但是，不论哪种方法产生的沼气，主要成分都是甲烷和二氧化碳，沼气中甲烷占50%～70%，二氧化碳占30%～40%，此外，还含有少量的一氧化碳、氢、硫化氢、氧和氮等气体。沼气属于生物质能源，无色、无臭、无味，完全燃烧时火焰呈浅蓝色，温度可达1 200℃以上，并放出大量的热。燃烧后的产物是二氧化碳和水蒸气，不会产生严重污染环境的气体。$1m^3$沼气热值为20 000～29 000kJ，相当于1kg原煤或0.75kg标准煤，是一种优质的气体燃料。

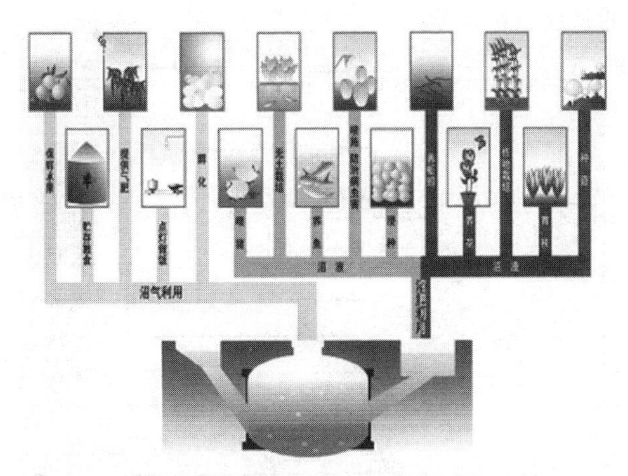

图5-1　农村沼气综合利用技术示意图

（二）沼液沼渣的特性

1. 沼渣沼液中的营养成分

沼气发酵残留物含有丰富的营养成分（图5-2）。用做沼气发酵原料的有机废弃物通常为人畜粪便和作物秸秆，这些原料成分大都为纤维素、蛋白质、脂肪等。从成分组成来看，有机废弃物经沼气发酵后，原料中的纤维素、脂肪等被部分降解，蛋白质一方面通过蛋白水解酶降解为氨基酸，另一方面通过微生物繁殖而转化为菌体蛋白。总体分析比较，沼气发酵残留物中的粗纤维、粗脂肪含量比发酵前低,而粗蛋白含量则高于发酵前。从元素组成来看,沼气发酵过程是碳、氢、氧等元素的代谢过程,有机废弃物中的碳、氢、氧经发酵转化为沼气(主要是甲烷和二氧化碳);有机物中大量的氮、磷、钾等元素则保存于发酵残留物中,而且这些元素在发酵过程中被转化为简单的化合物,即易于被动物、植物吸收利用的形态。例如,有机废弃物中的有机氮素,一部分被转化为氨态氮(NH_3-N)的形式,相当于速效氮,另一部分则参与代谢或分解为氨基氮,即游离氨基酸的形式。氨态氮是理想的氮肥,而氨基酸则是饲料的最佳氮素来源。

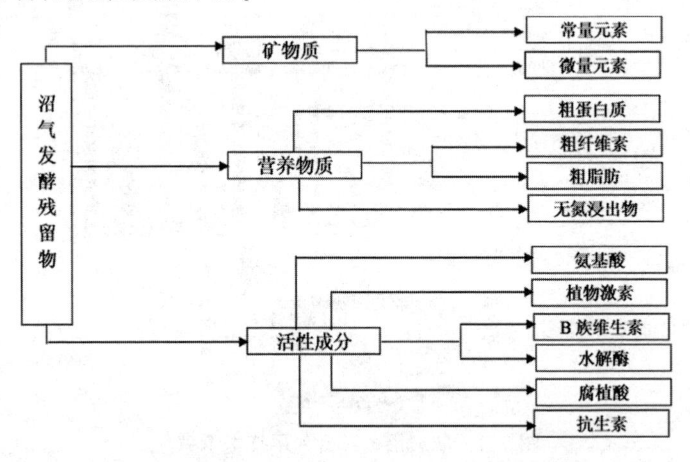

图 5-2 沼气发酵残留物成分组成

2. 沼渣沼液中的生物活性物质

沼气发酵是一个多菌群相互交替作用而又复杂的过程,其代谢的产物是极为丰富的。虽然对沼气发酵残留物的利用领域已逐步拓宽,对其机理认识还相当模糊,但从理论上可以肯定,实际测定结果也表明,沼气发酵残留物中含有成分较全的氨基酸、丰富的微量元素、B族维生素、各种水解酶类、有机酸类、植物激素类、抗生素类以及腐植酸等生物活性物质。

（1）各种水解酶类。研究检测表明，在沼气发酵残留物中存在有蛋白质水解酶、脂肪水解酶、纤维素水解酶和淀粉水解酶等酶类物质，且沼气发酵残留物中的酶的活性高于发酵原料。这些酶类的存在为沼气发酵残留物做畜禽饲料添加剂，促进养殖业发展，降低成本提供了良好的物质基础。

（2）氨基酸。沼气发酵过程中有众多的厌氧微生物群落参与代谢，沼气发酵的进行正是这些菌群的不断繁殖和代谢，最后在其残留物中必然有大量的菌体蛋白。这些菌体蛋白的氨基酸组成非常全面，无论是必需氨基酸，还是非必需氨基酸都可与鱼粉相媲美。同时沼气发酵残留物中各种氨基酸的含量也显著增加。因此，沼气发酵残留物作为畜禽饲料添加剂，其所含的氨基酸成分构成了饲料的营养基础。

（3）B 族维生素。维生素是动植物生产必不可少的物质，它们不能在动植物体内合成，只能通过某些微生物合成。通过对沼气发酵残留物检测证实，不同原料经过沼气发酵，其残留物中的维生素 B_{12}、B_2、B_5 都比原料中的含量有所增加，同时，还含有维生素 B_1、B_6、B_{11} 等。沼气发酵残留物中的 B 族维生素能促进植物和动物的生长发育，增强抗性。

（4）腐植酸。腐植酸是植物残体腐解后所形成的一种高分子化合物。沼气发酵残留物中的腐植酸含量在 10% ~20%（以 TS=100%计），分子量在 800 ~1 500。腐植酸在改良土壤方面，有利于土壤团粒结构的形成；作为饲料添加剂，可抑制脂肪氧化，防治抗菌素和维生素添加剂的失活。沼气发酵残留物作为土壤改良剂和饲料添加剂所获得的效果，均与其腐植酸的作用有着直接关系。

（5）植物激素。在沼气发酵过程中，菌体的繁殖必然有色氨酸产生，色氨酸的进一步氧化就生成了吲哚乙酸，而细胞分裂素则来自于t RNA的降解。现今已从许多沼气池或厌氧反应器内的残留物中检测到吲哚乙酸、赤霉素、细胞分裂素等植物激素。因此，沼气发酵残留物做肥料、饲料使用时，这些植物激素对农作物、猪、鱼、食用菌等的生长发育都起着一定的调节和促进作用。

(6)抗生素类。沼液对许多植物病原菌、大肠杆菌、猪丹毒杆菌、沙门菌等有抑制和杀灭作用。这一作用与其残留物中的抗生素类物质有着密切的关系。沼液中的抗生素类物质一般为多烯类抗生素。

3. 沼渣沼液中的矿物质元素

在沼气发酵的代谢过程中，有机废弃物中的矿物质元素参与微生物的代谢，最后又残存于发酵残留物中。因此，沼渣沼液中的矿物质元素非常丰富，可分为钾、钙、钠、氯、硫、镁等常量元素和铁、锌、铜、锰、钴、铬、钒等微量元素。无论是种植业中的农作物，还是养殖业中的畜禽，若缺乏矿物质元素时，均会产生不同的病变症状或代谢障碍，最终影响到种植业和畜牧业的生产。沼渣沼液中所含的丰富矿物质元素，作为饲料养鱼、养猪以及作农作物的肥料时，能够满足动植物生长对矿质元素的需求。

二、开展农村沼气综合利用的重要意义

农村沼气建设的生命力在于综合利用。沼气发酵系统在农业中的多功能性，就体现在沼气、沼渣、沼液的综合利用方面。沼气可作为燃料用于生活、照明、发电，可用于烘干粮食作物，用于储粮、保鲜水果，用于加温养蚕、升温孵鸡和育雏、为大棚蔬菜保温和增施二氧化碳气肥等。沼渣沼液可用作肥料、土壤改良剂、广谱性生物农药、食用菌的栽培料、饲料、饵料、浸种液等。开展“三沼”综合利用，对调整农村产业结构，促进生态农业的发展起着重要作用，能够促进农村生态环境的良性循环，改善农村环境卫生条件，

促进种植业、养殖业和农副产品加工业的有机地结合，调节燃料、饲料、肥料及农药四者之间的关系。通过充分发挥沼气多功能性的优势，建立完全、科学、高效的循环农业体系，使该循环体系带来显著的经济、社会和生态效益。

（一）对改善农村生态环境具有重要意义

农村沼气建设的同时，进行改厨、改圈、改厕，可有效改变以往“烟熏火燎、蚊蝇肆虐”的落后面貌，有效改善农户家庭的卫生条件。另外，人畜粪便、农作物秸秆等长期堆放容易造成污染环境和带来安全隐患，而作为沼气发酵原料投入沼气池后，即可以产生沼气这种清洁优质的生活能源，还可生产沼渣沼液这种优质的有机肥料，这样可大大减少以往农村的“三大堆”“脏乱差”等问题，有效地改善农村生态环境和农民的生产生活条件。另外，房前院内开辟小菜园，可实现户用沼气池所产沼渣沼液的直接利用，可吃上新鲜健康的蔬菜产品。

（二）对发展生态循环农业具有重要意义

沼渣沼液是沼气发酵后的残留物，是优质的有机肥料和饲料，可广泛用于作物种植和畜禽养殖，种植和养殖的废弃物又可作为沼气发酵原料，这样沼气成为联接种植业和养殖业的纽带，从而构成完整的生态循环链。沼渣沼液具有多种综合利用途径，具有广阔的综合利用前景，通过开展沼渣沼液综合利用，可形成“畜—沼—菜”“畜—沼—果”“畜—沼—菌”“四位一体”等多种以沼气为纽带的循环农业模式，有效促进生态循环农业的发展。

（三）对保障农产品质量安全具有重要意义

由于长期以来过分追求产量，大量使用化肥、农药和激素，导致农产品质量安全问题十分突出。农残超标导致的“毒韭菜”“毒豆角”“毒生姜”等现象屡有发生，大量施用化肥导致的土壤有机质减少和板结退化，及农产品硝酸盐、重金属超标现象也不断涌现,以上问题已严重威胁到消费者的身体健康,受到人民群众的普通关注。推广沼渣沼液综合利用技术,用沼渣沼液这种优质的有机肥料和生物农药,来广泛替代化肥和农药使用,可有效地改良土壤,改善和提高农产品品质,在保障农产品质量安全的同时,促进农业的可持续发展。

(四)对提升新农村建设成效具有重要意义

综合来看,通过农村沼气建设可促进种植业、养殖业和农副产品加工业的有机结合,调节燃料、饲料、肥料及农药四者之间的关系,充分发挥沼气多功能性的优势,建立完整、科学、高效的循环农业体系,带来显著的经济、社会和生态效益,有效促进生产发展、生活宽裕、乡风文明、村容整洁、管理民众的社会主义新农村建设。广泛宣传和推广"三沼"综合利用技术,可以带动广大农民群众对建设和使用沼气池的积极性,有效提高沼气池的使用率,同时促进农村沼气服务网点的建设和发展,这样可有效巩固农村沼气的建设成果,建立起沼气发展的长效机制,促进农村沼气在新农村建设中发挥更大作用。

第二节　沼气的综合利用

沼气在利用前,必须进行净化。当水蒸气在沼气管路中存在时,会增加沼气流动的阻力,还会降低沼气的热值;沼气中含有硫化氢气体,硫化氢与水共同作用,会加速金属管道、阀门及流量计的腐蚀和堵塞,另外,沼气中的硫化氢燃烧后生产二氧化硫,它与水蒸气结合生产亚硫酸,会造成对大气环境的污染,影响人体健康。因此,需要对沼气进行脱水、脱硫,使沼气的质量达到使用标准要求。沼气综合利用技术主要包括以下几个方面。

一、用作生活生产用能

（一）沼气作为生活用能

沼气在生活方面最广泛的应用就是用作炊事燃料和照明，每 $1m^3$ 沼气燃烧产生的热能相当于1kg原煤（或0.75kg标准煤），可使65kg水从20℃煮沸，能使一盏沼气灯（亮度相当于60W的电灯）照明6个多小时。沼气用作生活用能见图5-3至图5-6。

（二）沼气作为生产用能

（1）沼气发电。构成沼气发电系统的主要设备有燃气发动机、发电机和热回收装置（图5-7）。由厌氧发酵装置产出的沼气，经过水封、脱硫后至储气柜。然后沼气从储气柜出来，经脱水、稳压后供给燃气发动机，驱动与燃气内燃机相连接的发电机而产生电力。燃气发动机排出的冷却水和废水中的热量，通过废热回收装置回收余热，作为厌氧发酵装置的加热源。用于沼气发电的沼气，其组成甲烷含量应大于60%，硫化氢含量应小于0.05%，供气压力不低于6kPa。

图5-3　沼气做饭

图5-4　沼气照明

图 5-5　沼气饭煲

图 5-6　沼气热水器

图 5-7　沼气发电机组

(2)沼气焊接、切割。气焊、气割所用燃气，一般均为乙炔。山西吕梁师专化学系利用沼气代替乙炔，对钢材焊接和切割进行了反复实验，获得较满意的结果。所用助燃气仍为压缩的二级纯度的氧气，所用可燃气为沼气，其体积百分比为甲烷 65%，二氧化碳30%,硫化氢、一氧化碳、氨和氮等5%。沼气的燃烧温度稍低于氧炔焰。为了提高火焰的温度,可以串联一个石灰水洗气罐,对混合气体进行富集处理,同时起到防止回火的作用。处理后的沼气,用充足的高压氧气助燃,就能形成热量集中的2 800℃左右的高温火焰,可称为“氧沼焰”。

二、用于日光温室种植

沼气在日光温室中的应用主要有两个方面:一是燃烧沼气,为日光温室增温,二是将沼气燃烧后产生的二氧化碳作为气肥,促进蔬菜生长(图5-8)。燃烧1m^{3}沼气大约可以释放23 000kJ热量,通常每个蔬菜日光温室内每10m^{2}安装一盏沼气灯,或每50m^{2}安放一个沼气灶。沼气灯可以直接点燃,不断散热,沼气灶则在需要较快提高温度时使用。用沼气灶加温时,在灶上烧开水,利用水蒸气加温。用沼气灶加温,升温快,二氧化碳供应量大。沼气燃烧为日光温室内蔬菜补充二氧化碳,日出后30min开始点燃,间歇释放,每燃烧10~15min后,间歇20min,放风前30min停止释放。利用沼气燃烧为日光温室设施蔬菜增温和补充二氧化碳,可实现黄瓜增产23%~58%,番茄增产45%,豆角增产36%。

图5-8　沼气燃烧为日光温室增温和补充二氧化碳

注意事项:大多数蔬菜的光合作用强度在上午9~10时最强,因此增加二氧化碳浓度应在上午8时以前进行;沼气点燃时间过长,温室内温度过高,对蔬菜生长不利,应及时通风换气;释放二氧化碳后,蔬菜的光合作用加强,水肥管理必须及时跟上,这样才能取得很好的增产效果;要对沼气进行脱硫、脱水等净化处理,防止有毒气体对蔬菜生长造成毒害。

三、利用沼气热能养殖

(1)沼气养蚕。沼气养蚕是指用沼气灯给蚕种感光和燃烧沼气给蚕室加温,以达到孵化快、缩短饲养期、提高蚕茧的产量和质量的目的。家蚕是变温动物,其生长发育离不了适宜的温度和光照。在春蚕饲养过程中,因气温偏低,需提高蚕室温度满足家蚕生长发育。传统方法以木炭、煤作为加温燃料,存在的问题是用煤加温,室内一氧化碳含量过多,蚕的死亡率较高,人、蚕中毒现象时有发生,如多次开窗换气,室内温度忽高忽低,不利于蚕的发育,延长龄期。养蚕的另一个主要问题是有些群众,乱倒蚕沙,致使病源到处扩散,造成蚕病暴发。将沼气池与沼气加温养蚕结合起来,蚕沙入池发酵产生沼气,这样既避免煤炭加温的缺点,又解决了蚕沙的处理问题。

沼气灯给蚕室照明加温时,一般一盏沼气灯可加温一间$70m^2$的蚕室,一昼夜消耗沼气约$1.2m^3$。使用沼气红外线烤炉给蚕室加温时,烤炉产生长波辐射,并通过蚕室空气的传导和对流作用,使整个蚕室温度升高。使用时,要调好开发和调风板,使上下金属网罩发热加快,达到快速升温的目的。炉具上放上一口锅,锅内存水,可起到补湿和减少红外线辐射量的作用。

(2)沼气孵鸡和育雏。沼气孵鸡就是将沼气在燃烧过程中所放出的热量,实行人工控制而满足禽卵孵化要求。沼气孵化操作简单,安全可靠,孵化率高,降低成本,生产稳定,不受煤、油、电等能源不足的制约。雏鸡的正常生长,离不了适当的光照和温度。利用沼气灯给雏鸡增温比用电灯效果好,因为沼气灯不受停电影响,亮度适宜,升温效果好,温度调节简单,成本低廉,能使雏鸡生长良好,体质增强,成活率提高。

四、利用沼气热能加工

沼气主要成分是甲烷和二氧化碳,利用沼气燃烧产生的热量来烘烤和加工农副产品,具有设备简单,操作方便,不产生烟尘,节省能源等优点。

应用举例如下。

沼气炒茶。用沼气炒茶比烧柴、烧煤、用电节能节时,烧柴、烧煤时火候不好控制,用电时制 1kg 茶叶至少要用 10kWh,耗电量大,成本增加。用沼气炒茶温度好控制,火势稳定,既可满足炒制要求,又可节能省时(图 5-9)。另外,炒制的茶叶的质量也由于其他方式,“沼气炒茶,色绿显毫,滋味醇和,清香久远”。以炒制花茶为例,农户以茉莉花作香料,买进的素茶做原料,用沼气进行炒制。由于沼气燃烧时不产生烟尘,制成的花茶无异味,能保证茶叶的质量。沼气炒制花茶,设备简单,能源耗用量小,加工 1kg 花茶,仅耗用沼气 $0.3m^3$,操作方便,只需控制沼气的开关就能调节温度。

五、用于气调贮藏保鲜

沼气除主要用作燃料释放热能加以利用以外,还可作为一种环境气体调节剂,用于水果、蔬菜的保鲜储藏和粮食、种子的灭虫储藏。沼气气调储藏是一种简便易行、投资少、经济效益显著的实用技术。

沼气气调储藏的原理是:在密闭条件下,利用沼气中甲烷和二氧化碳含量高,含氧量极少,以及甲烷无毒的性质和特点来调节储藏环境中的气体成分,造成一种高二氧化碳低氧气的状态,以控制果蔬、粮食的呼吸强度,减少储藏过程中的基质消耗,防治虫、霉、病、菌,达到延长储藏时间并保持良好品质的目的。沼气气调储藏的作用是:抑制储藏物的后熟,减少储藏物在储藏过程中的损耗,抑制储藏物的生理病害,控制真菌的生长和繁殖,以及虫害和鼠害等。

图 5-9　沼气炒茶

沼气贮藏保鲜水果时,应选在避风、清洁、温度相对稳定、昼夜温差变化不大的地方。储藏室可根据储藏量的多少及储藏周期的长短来设计建造。利用沼气保鲜水果,从规模上可大可小,村镇能办,一家一户也能办。从技术要领上讲,要让储藏室、沼气池的容积相匹配,以确保保鲜所用沼气。在建储藏室时,要考虑室内的通风换气和降温工作。除要认真选果外,还要做好预冷散热和室内的杀菌消毒。

沼气储粮时,一般按储藏容积计算,每储藏 $1m^3$ 粮食只需要输入 1.5～2m^3 沼气，并密闭 7d 以上，其粮堆中的氧气含量由 21% 下降到 3%～5%，二氧化碳含量上升到 20% 以上，灭虫效果达到 99% 以上。经测试分析，种子发芽率、脂肪酸含量、粗蛋白含量、淀粉含量等均无明显变化。沼气储粮需注意：保证足够的沼气和密闭的系统，充入沼气的量一般不低于储粮体积的 1.5 倍；充气时，要现将排气管打开，让粮堆的空气尽快排出，然后关闭排气管，再继续输入沼气；粮仓通气前，要检查通气管道有无阻塞现象，沼气要经过脱水和脱硫后方可充入；在已经通入沼气的粮仓及房间内，严禁烟火。沼气储粮技术见图 5-10 和图 5-11。

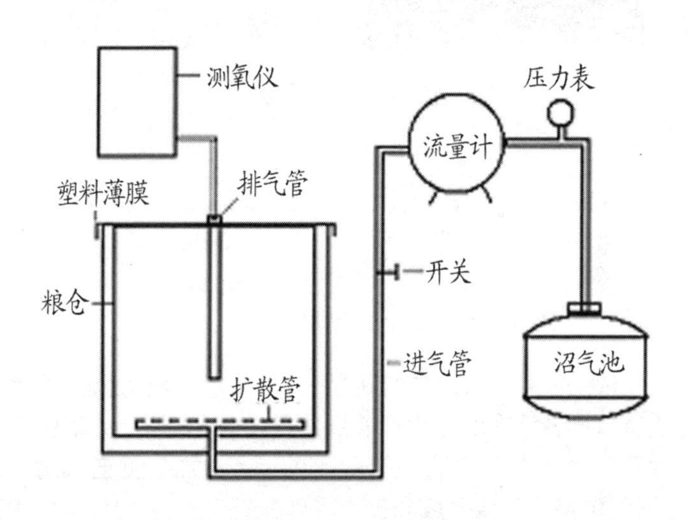

图 5-10　沼气储粮技术

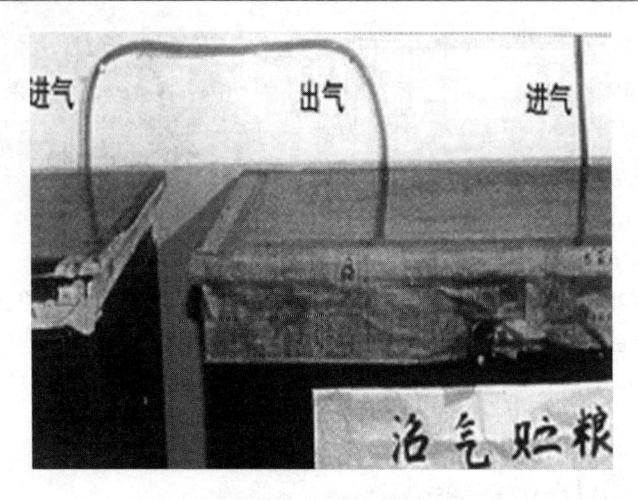

图 5-11　沼气储粮

第三节　沼渣、沼液的综合利用

一、沼渣、沼液在种植业上的应用

沼气池是一个非常好的有机肥工厂，生产的沼渣沼液是理想的优质有机肥料。在农业生产实践中的应用结果表明，沼肥在不同土壤和作物上施用，均能获得显著的增产效果。据已有的检测结果可知，沼渣中的营养成分含量明显高于沼液，一般作为底肥进行基施，沼液与沼渣相比，虽然养分含量不高，但其养分主要为速效性养分，且含有一些生物活性物质，除用于冲（浇）施外，还可以用于叶面喷施，起到叶面肥及抑制和杀灭病虫害的作用。

（一）沼渣沼液用于作物施肥

（1）沼渣施基肥。一般地，做基肥时，每亩施用量为 2 000 ~ 2 500kg，可直接泼洒田面，立即翻耕。沼渣直接施用，对当季作物有良好的增产效果；若连续施用，则能起到改良土壤、培肥地力的作用。

（2）沼液追肥。沼液可通过田间开沟浇施或直接冲施等对作物进行追肥。一般每亩用量1 000～1 500kg，可以直接开沟挖穴浇灌作物的根部周围，并覆土以提高肥效。在有浇灌条件的地方，可结合农田灌溉，把沼液加入水中，随水均匀施入田间（图5-12）。

图5-12　沼液追肥

（3）沼液叶面喷施。沼液中含有多种水溶性养分，营养成分相对富集，是一种速效的水肥。沼液叶面喷施，具有收效快、利用率高等特点，一般24h内，叶片可吸收喷施量的80%以上，可及时补充作物对养分的需求。沼液叶面喷施，一般幼苗、嫩叶期1份沼液加1～2份清水，作物生长后期，可不加水。视作物品种和长势而定，一般每亩喷施40～80kg。沼液中除了含有丰富的营养元素外，还含有一些具有防虫抑菌和提高抗性作用的活性物质，通过叶面喷施可起到抑制或杀灭作物病虫害及提高作物抗逆性的效果（图5-13）。

图 5-13　沼液叶面喷施

应用举例如下：

小麦。据济南市土肥环保站沼肥试验数据，以配方施肥作为对照，通过沼肥施底肥和沼液叶面喷施，可显著提高小麦株高、叶长、单株分蘖数、单株次生根等生长指标，还可有效降低麦蚜、麦蜘蛛、白粉病、条锈病等危害，通过提高株高、穗长、亩穗数、千粒重等产量指标，实现增产 10.7%。

甜椒。据济南市商河县农业局开展的日光温室甜椒施用沼肥试验表明，与常规管理相比，施用沼肥可以促进甜椒生长，提高株高、茎粗，抗逆性和抗病性等指标，植株长势旺盛；提高果长、肩宽、果形、单果重等果实性状指标，果实口感好；可促进甜椒增产，实现增产幅度达 9.1%。

茶树。据广东省潮州市农村能源办公室试验数据，每亩茶园施用沼渣 2 000kg，开沟深施做基肥，可使茶树全生育期分枝粗壮、叶片厚。施沼渣比施化肥的茶园，亩增产 7.75kg，而且茶叶质量好，干茶价格高。

桑树。选用正常产气沼气池中的沼液，经过纱布两次过滤后，用喷雾器对桑树叶面进行喷施。每 4d 喷施一次，喷至叶面滴液为止，遇雨顺延 1d，采叶当天不喷。桑树叶长提高 1.48cm，叶宽增加 1.72cm,单片叶重增加 0.97g,桑叶增产 18.1%。用该桑叶养蚕与常规桑叶相比,产茧增产 20%左右。

注意事项:沼渣沼液取自正常产气 1 个月以上的沼气池,长期停用的沼气池中的"沼液"不能使用;对幼苗期作物进行追肥时,沼渣沼液应适量掺水稀释,以免伤害幼根幼叶;叶面喷施沼液时,沼液要进行过滤,以免堵塞喷雾器;沼液叶面喷施,一般选择无风晴天的早晨和傍晚进行,不可在晴天中午气温高时喷施;叶面喷施时,应侧重于叶背面,因叶面角质层厚,叶背布满了气孔,易于吸收;沼渣沼液施肥或叶面喷施时,一般掌握长势差的作物重施,长势好的作物轻施。

(二)沼渣沼液改良土壤

土壤有机质含量是土壤肥力的重要标志。在耕作频繁、复种指数与温度较高的情况下土壤有机质消耗地很快。随着化肥用量的增加,势必造成土壤板结,肥力下降,土地瘠薄,生产成本增加的恶性循环。利用沼渣沼液改良土壤,实现了将畜禽粪便、作物秸秆等有机废弃物经厌氧发酵后还田,增加了土壤肥力,提高了有机质的含量,可建立高产稳产农田。利用沼渣沼液改良土壤,无论何种土质、肥力如何,一般 3 年后,土地肥力都将大大增强,而且长期施用,效果越显著,实现各种农作物的高产稳产。

应用实例:据四川省农科院生产试验,每亩增施沼肥 1 000~1 500kg,当季可增产水稻或小麦 10%左右;连施 3 年,土壤有机质增加 0.2%~0.83%,活土层从 34cm 增加到 42cm。

注意事项:无论做基肥还是追肥,要注意掌握好施用量,不能随意增施或少施;沼肥施入农田后,要进行覆土,以防肥效流失,暂时用不完的沼肥,应及时存放在有盖的桶中或沼气池内。

(三)沼渣沼液配置营养土和营养液

(1)沼渣配置营养土。沼肥营养全面,来源广泛,成本低,并可满足蔬菜、花卉和特种作物的营养需要,采用沼渣配置营养土和营养钵时,要求是腐熟度好、质地细腻,其用量一般占混合物总量的20%～30%，其掺入混合的泥土为50%～60%，锯末为5%～10%，氮、磷、钾化肥及其他微量元素、农药等占0.1%～0.2%。如果要压制成营养钵、快速花盆土等，则在配料时，要调节黏土、沙土、锯末的比例，使其具有适当的黏性，以便易于压制成型。

(2)沼液配置无土栽培营养液。无土栽培是人工创造的根系环境取代土壤环境，并能对这种根系进行调控以满足植物生长的需要，它具有产量高、质量好、无污染、省水、省肥、省地，不受地域限制等优点。利用沼液做无土栽培营养液，技术简单，效果好，易于推广。沼液要求取自正常产气1个月以上的沼气池出料间的中层清液，无粪臭，深褐色，根据蔬菜品质不同或对微量元素的需要，可适当添加微量元素，并调节pH值为5.5～6.0。在栽培过程中，要定期更换沼液。

应用实例如下。

棉花营养钵的配制。每分苗床地用沼渣50～100kg，钙镁磷肥2.5kg，氯化钾1kg，根据棉花品种和当地气候条件选择制钵时间。当棉花幼苗长至5～6片叶时进行大田移栽。一般来说，同类棉种比较，使用沼渣的棉花第一真叶期可提前1～2d，叶片大小和茎粗都有明显提高，整体增产效果明显。

沼液用于番茄无土栽培。西北农林科技大学以陕西农户家庭沼液作为无土栽培的营养液，并以Hoagland营养液为对照，研究沼液对番茄无土栽培的影响。结果表明，用沼液作无土栽培的营养液，不仅提高番茄产量和品质，还能提高番茄营养物质含量。试验以沼液稀释比例为1∶8时最适合番茄生长。试验结果表明，沼液适当稀释后可作为无土栽培的营养液，并且能降低成本、变废为宝，提高番茄无土栽培的经济收益。

注意事项：将沼液适当加工，并补充适当的矿质元素，应用于无土栽培时效果更好。

(四)沼液浸种

浸种对作物发芽、成秧以及栽种后的生长发育有着重要的作用，对作物收成有重要影响。传统的浸种是在清水中进行，为了防治病害，在清水中加入少量农药。沼液浸种较清水浸种有明显优势，它不仅可以提高种子的发芽率、成秧率，促进种子的生理代谢，提高秧苗素质，而且可以增强秧苗抗寒、抗病、抗逆能力，一般可增产5%～10%。用于浸种的沼液要求是经过充分发酵后的沼液，无恶臭气味，为深褐色透明液体，其pH值为7.2～7.6。见图5-14和图5-15。

1. 浸种前的准备

(1)晒种。晒种能增强种子种皮的透性和增进酶的活性，促进种子的后熟作用，提高种子的发芽率和存活能力，播种后可提早出苗；同时晒种有利于提高种子的吸水能力，并杀灭部分病菌，保证种子质量。晒种时间应视种子干湿及天气情况而定。选择晴朗天气，利用中午前后的阳光，每天约6h，一般1～2d。为了使种子接受阳光均匀，应将种子在晒席上薄薄地摊开，每日翻动3～4次。

(2)清理浮渣。将沼气池出料间的浮渣和杂物清理干净。

2. 浸种步骤

(1)种子包装。将晒好的种子装入袋内，浸种量根据袋子大小而定。一般每袋15～20kg，并要留出一定空间，因种子吸水后会膨胀。空间大小因种子的种类不同而不同，有壳种子留1/3空间，无壳种子留一半或2/3的空间，然后扎紧袋口。

(2)浸种位置。将装有种子的袋子用绳子吊入正产产气的沼气池出料间中部料液池中，在出料口上横一根棍子，将绳子一端绑在棍子中部，使袋子悬吊在固定的浸种位置。

(3)浸种时间。视种子种类和出料间沼液温度的不同而不同。有壳种子一般浸种24～72h，无壳种子一般浸种12～24h。沼液温度低时，浸种时间稍长；反之，则浸种时间相应缩短。一般以种子吸饱水为度，最低吸水量以23%为宜。

(4)浸种后处理。提出种子袋，自然拎干沼液后，把种子取出，用清水洗净，晾干表面水分，然后播种。需要催芽的，可按常规方法催芽后播种。

应用举例如下。

小麦浸种。小麦浸种时间依据当地正常播种时间，在播种前1d进行浸种。浸泡时间要根据水温而定，一般17～20℃浸种6～8h。

玉米浸种。先将玉米种子晒1～2d，去杂、去秕粒后，用发酵好的沼液浸种。浸种12h后，取出用清水洗净，晾干即可。

棉花浸种。用沼液原液浸棉种24h后，将棉种用清水漂洗1～2次，晾干后即可播种。

甘薯浸种。将选好的薯种分层放入大缸或清洁的水池内，将沼液倒入，液面超过薯块表面6cm为宜，并在浸泡中及时补充沼液。2h后捞出薯种，用清水冲洗净后，放在草席上晾晒，直至薯块表面无水分为止，然后按常规排列上床。苗床土的培养基为30%的沼渣肥和70%的泥土混合而成。

注意事项：种子浸泡时间不宜过长，否则影响出芽；如沼液浓度过高，浸种前加1～3倍清水；种子浸泡后，一定要拎干，再用清水洗净，晾干种子表面水分；浸种时要注意安全，池盖应及时还原，以防人畜坠入池内。

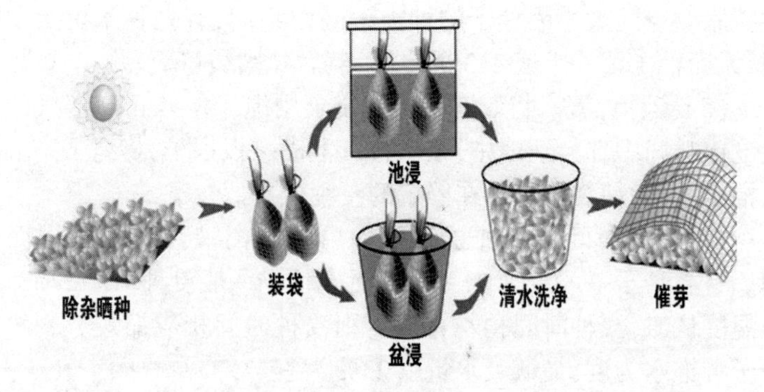

图5-14　水稻沼液浸种

图 5-15　小麦沼液浸种效果对比

（五）沼液防治病虫害

已有的科研和实践证实，沼液对农作物的 23 种病害和 14 种虫害具有良好的抑制和杀灭效果，并且其防治病虫害的种类和效果随实践的不断深入仍将继续增加。利用沼液防治作物病虫害，不会对环境带来危害，也不会导致病虫害抗性等问题，值得在实践中大力推广。

沼液防治病虫害时，对沼液的一般要求：沼液宜采用原液，即不加水稀释；气温较高时，为了避免水分的过快挥发，可适当添加少量水，其加水量一般不宜超过 20%。

沼液防治农作物病虫害的作用机理目前还不十分清楚，其作用相当复杂，但至少已经知道沼液中的生物活性成分、铵离子浓度以及厌氧或兼氧菌都对抑制病虫有一定作用。因此，取出的沼液应随取随用，以免活性成分分解、铵离子浓度降低以及厌氧或兼性微生物菌群抑制活性降低。

沼液防治病虫害的具体做法：取出沼液后可先用纱布过滤，然后装入喷雾器中，进行叶面、茎、秆喷施，用量以全部润湿为宜，对于根部病虫害可采用沼液浇灌。喷施沼液时应避开雨天，若遇雨时,雨后补喷。若喷施沼液后,病害和虫害仍在活动,可于 1 ~ 2d 后应再补喷。沼液叶面喷施,可起到抑制病虫害和叶面施肥的双重效果。

应用举例如下。

防治农作物蚜虫。用沼液喷施小麦、豆类、蔬菜、棉花、果树等,可防治蚜虫侵害。具体方法是:用沼液 14kg,洗衣粉溶液 0.5kg(溶液按洗衣粉和清水 0.1 : 1 配制),配制成沼液复方治虫剂,用喷雾器喷施。每亩一次喷施 35kg,第二天再喷一次。喷施时间一般选在晴天上午进行。生产实践表明,用产气好的沼液防治蔬菜和果树蚜虫,喷施一次,防治率 70% 左右,喷施两次防治率达 96%。

防治果树红蜘蛛。在苹果等果树生长期间,用沼液原液或添加少量农药喷施果树,可防治果树蚜虫、红黄蜘蛛等虫害;用沼液涂刷病树体,可防治果树腐烂病;沼液灌根可防治根腐病、黄叶病等生理性病害。沼液原液喷施果树,对红蜘蛛成虫杀灭率为 91.5%,虫卵杀灭率为 84%。

防治小麦赤霉病。沼液防治小麦赤霉病试验结果表明,正常发酵产气的沼气池沼液对小麦赤霉病有明显的防治效果,其作用和生产上所用的多菌灵效果相当;使用沼液原液喷施效果最佳,使用量以每亩喷 50kg 以上效果最好,盛花期喷一次,隔 3 ~ 5d 再喷一次,防治率可达 81.53%。

防治西瓜枯萎病。在西瓜生产中,每亩施沼渣 2 000kg 作基肥,并在生长期叶面喷施 10 ~ 20 倍沼液 3 ~ 4 次,基本上可控制重茬西瓜地枯萎病大面积发生。即使有个别病株,及时用沼液原液灌根,也能杀灭病原菌。在西瓜膨大期,结合叶面喷施沼液,用沼渣沼液进行追肥,不但枯萎病得到控制,而且可获得较高产量,西瓜品质也有所提高。

注意事项。沼液取自出料间中层清液,用纱布充分过滤后使用;在沼液中配农药提高药效时,要注意农药和沼液的酸碱度一致;取出的沼液应随用随取,存放时间不宜超过1h。

(六)沼渣沼液栽培食用菌

利用沼渣沼液栽培食用菌,具有发菇快、菇质好、杂菌少的优点,产量一般可以传统料增产10%以上。

应用举例如下。

沼渣栽培双孢菇。双孢菇喜腐熟的粪草基料,栽培料的碳氮比,菌丝阶段适宜21∶1左右,子实体阶段适宜的碳氮比在30∶1左右,并且由于栽培料中含有较高比例的沼渣或畜禽粪便等原料,该类有机氮素不易挥发,有效期长,不需大量添加速效氮素营养,即可满足其生长需要(图5-16)。

配方一。麦草3 000kg,沼渣2 000kg,牛粪粉1 000kg,过磷酸钙60kg,尿素60kg,石灰粉80kg,石膏粉80kg,碳酸钙90kg,菇病消60袋,食用菌三维营养精素(拌料型)10袋。

配方二。稻草4 000kg,沼渣2 000kg,牛粪粉2 000kg,过磷酸钙100kg,尿素60kg,石灰粉100kg,石膏粉100kg,菇病消60袋,食用菌三维营养精素(拌料型)10袋。

上述原辅材料必须新鲜、无淋雨、无霉变,牛粪为未经发酵的干牛粪;沼渣应尽量采取氧化处理,如来不及处理,可直接使用新鲜沼渣,但应根据其含水率进行计测算并予增氧处理;沼渣不足时,可用牛粪粉替代;进行二次发酵处理时,菇病消用量减少50%。

沼渣栽培鸡腿菇。鸡腿菇菌丝分解利用营养的能力较强,纤维素、半纤维素、葡萄糖、木糖、果糖等碳源均可,即使其着生基质的碳氮比较高,甚者达到80∶1以上时,菌丝也能顽强生长、繁殖;现有技术条件下,可使用沼渣等作为原料之一,并以添加麦麸等有机氮源调整其碳氮比在(20~40)∶1,这样,基料碳氮比稳定、长效,不易挥发浪费,可在较长时期内供菌丝及子实体吸收利用(图

5-17)。

配方一。棉籽壳150kg,沼渣100kg,石灰粉5kg,石膏粉3kg,过磷酸钙5kg,三维精素(拌料型)1袋。

配方二。玉米芯130kg,沼渣100kg,麦麸20kg,豆饼2kg(或棉籽饼5kg),石灰粉7kg,石膏粉6kg,尿素1kg,过磷酸钙5kg,三维精素(拌料型)1袋。

原料选择。棉籽壳选用新鲜、无严重霉变的新货,充分暴晒,干燥后保存。玉米芯粉碎、晒干后备用。沼渣应经过好氧晾干处理,过筛去除块状物等,储存备用。

注意事项。在淋水过程中,要盖上塑料薄膜,防止蝇虫产卵污染菇床;料堆温度急剧上升时,要注意通风换气10～20min,再盖膜,料温应控制在32～38℃,以免堆温过高烧坏菌丝;注意防病虫害。

图5-16 沼渣栽培双孢菇

图5-17 沼渣栽培鸡腿菇

二、沼渣沼液在养殖业上的应用

(一)添加沼液喂猪

沼液中含有多种蛋白质、游离氨基酸、维生素、微量元素和活力较强的纤维素酶、蛋白酶等可溶性营养物质,易于消化吸收,能够满足牲畜的生长需要，所以沼液是一种理想的饲料资源。

添加沼液喂猪，一般从猪体重 20kg 以上开始添加，猪体重在 40～70kg，增重效果最为理想；添加沼液喂猪时，刚开始要掌握用量由少到多，随着猪的体重增加而增加达到一定量时稳定下来，第一次饲喂时，为防止调口不食，应先饿 1～2 餐，以增加食欲，3～5d 后即可适应；饲喂方法一般来说以把适量的沼液加在饲料中喂食法比较科学（图 5-18）。

应用举例。据生产实践，在饲料中添加沼液饲喂，猪食欲旺盛，皮毛油光发亮，不生病或少生病，同时节省饲料，增重快。沼液喂猪安全可靠，农民群众易掌握，经济效益高。常规饲养的猪，日增重 0.38～0.53kg；添加沼液喂的猪，日增重 0.5～0.7kg，可提前 1～2月出栏。添加沼液喂的猪料肉比为（3.02～4.12）∶1，饲养一头同样体重的猪（如 100kg），喂沼液比不喂沼液的猪每头可节省精饲料 80kg 以上。经农业部食品质量检测中心对沼液的猪肉质检验鉴定，沼液喂猪安全可靠，屠宰前猪的体温、精神、外貌正常，体态发育良好，屠宰后各组织器官的色泽、硬度、大小、弹性均无异常，无有毒物质、金属残留、传染病或寄生虫，肌肉较为丰满，肉质与普通饲养相同，味鲜无异味，各项检验指标均符合标准。

注意事项。注意猪的采食情况，以吃完或略有剩余为适量；必须从正常产气 40d 后的沼气池中取沼液喂猪，沼液的 pH 值以 6.8 至 7.2 为好；不能随取随喂，尤其是在沼液浓度大的情况下，沼液取出后，应搅拌后放置 1 至 2h（夏天放置 1h，冬天放置 2h），让氨气挥发尽后再喂，给猪喂沼液后，如猪拉稀，则说明沼液过量或猪的消化系统不适应，应减量或停喂 1～2d 再喂；对体重低于 20kg 的仔猪不要喂沼液，母猪发情后至生产也不能喂，产后可以喂；喂沼液时，猪的精饲料饲喂量不能减少。

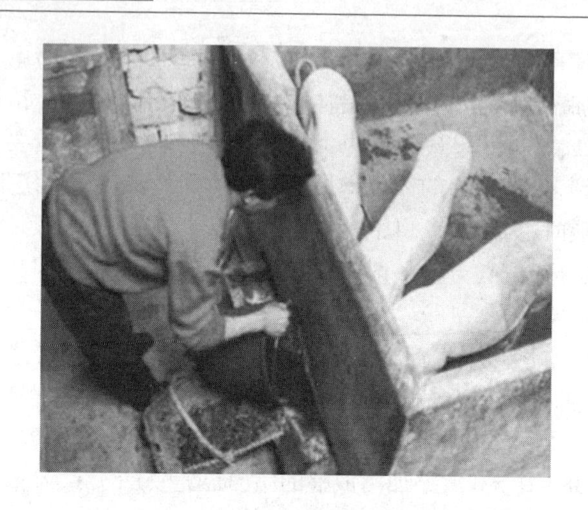

图 5-18 添加沼液喂猪

(二)沼渣沼液养鱼

沼肥作为淡水养殖的饵料,不仅营养丰富,加快鱼池浮游生物繁殖,耗氧量减少,水质改善,而且常用沼液,水面能保持茶褐色,易吸收光热,提高水温,加之沼液的 pH 值为中性偏碱,能使鱼池保持中性,这些有利因素能促进鱼类更好生长。所以,沼肥是一种很好的养鱼营养饵料(图 5-19)。

一般养殖方法如下。

在鱼苗培育时,为使鱼苗获得丰富的天然饵料,必须适时追肥,使池水保持一定的肥度,以保持浮游生物旺盛的繁殖能力,追肥次数和数量应根据水质肥瘦确定,一般 6 ~ 8d 施沼肥一次,每次每亩用量 150kg 左右,分点泼洒;

鱼种培育时,沼肥做追肥施用,一般在 6 月中旬、7 月上旬、下旬和 8 月中旬分 4 次追施。每亩用量 300kg、375kg、400kg 和 375kg,选择晴天中午进行泼洒;

成鱼养殖时,作为基肥,在清塘后投放鱼种前,每亩水面施入沼肥 200 ~ 300kg,一般不宜超过 300kg,施肥后灌水 50 ~ 80cm,待水色变绿后便可放养鱼种。作为追肥原则是少施、勤施，看天、看水、看鱼施肥，根据季节、水温、水色等因素决定施肥的时间和数量。作追肥时，用量应比基肥适当减少。在施用过程中，可根据水色透明度的变化来调整用量和次数。一般春季水色透明度不低于20cm，盛夏和初秋水色透明度控制在25cm以下；秋末，则水色透明度以25cm为宜。

图5-19　沼液用于淡水养殖

应用举例。据南京市水产研究所用鲜猪粪与沼肥作淡水鱼类饵料进行对比试验，结果后者比前者增产鲜鱼19%～38%。施用沼肥的鱼池，水中溶氧量增加10%～15%，改善了鱼池的生态环境。不仅使各类鱼体的蛋白质含量明显增加，而且对影响蛋白质质量的氨基酸组成也有明显的改善。沼肥经腐熟和发酵，消除了其中的虫卵和病菌。因此，减少了鱼病的发生，烂鳃、赤皮、肠炎、白嘴等鱼类常见病和多发病得到了有效地控制。

注意事项。沼肥养鱼要根据天气变化及时调整沼肥施用量，天气闷热和阴雨连绵时少施或不施；施肥后，要经常对鱼塘进行检查，以鱼类浮头时间不宜过长，日出后很快下沉为宜；沼肥养鱼应按照少量多次的原则，以水色透明为依据施用沼肥，适宜的水色为茶褐色或黄绿色，水色过淡，透明度过大，可加大施用量；水色过浓,透明度小,要减少或停止施肥;施肥宜选择晴朗天气上午进行,7~8月高温季节,追施沼肥效果最好。

(三)沼渣用于特色养殖

1. 沼渣养殖黄鳝

沼肥含有较全面的养分和水中浮游生物生长繁殖所需要的营养物质,它既可被鳝鱼直接吞食,又能培养出大量的浮游生物,给鳝鱼提供喜食的饵料。

养殖方法。将沼渣与田里的稀泥各半混合好后,均匀地铺在鳝鱼池内,厚度为0.5~0.6 m,作为鳝鱼的基本饲料。7月下旬至8月前后,鳝鱼陆续产卵孵化,食量渐增,应加喂饲料1个月左右,$1m^2$投放0.5kg沼渣。投沼渣后7~10d进行换水,以保持池内良好的水质和适当的溶氧含量,防止缺氧。

2. 沼渣养殖泥鳅

养殖方法。池内铺设20~30cm后的沼渣和田里的稀泥各一半混合好的泥土,并做一部分带斜坡的小土包。土包掺入带草的牛粪,土包上可以种点水草,作为泥鳅的基本饲料和活动场地。泥鳅苗饲养初期投喂蛋黄、鱼粉、米糠等,随后日投饵按泥鳅苗总重量的2%~5%投喂配合饵料和适量的沼液。沼液既可使泥鳅直接吞食,又可繁殖浮游生物,补充饵料。6~9月投饵量逐渐提高到10%左右,沼液也要适量增加。每天分上下午各投喂一次。沼液投入后,使浮游生物大量繁殖,保持池水呈浅绿色和茶褐色,有利于吸收太阳热能,提高池水的温度,促进泥鳅的生长。成鳅投喂麦麸、米糠、菜籽饼粉、玉米粉、沼渣、沼液等,日投入量按泥鳅体重计算。沼渣、沼液可交换投放,以次多量少为佳,根据水质变化而定。刚投完沼肥不宜马上放水,以利于泥鳅吞食和浮游生物的生长。酷暑季节,养鳅池上方要搭设遮阳棚,并定期加注新水入池。冬季可在养鳅池四角堆放沼渣,供泥鳅钻入保温。

3. 沼渣养殖蚯蚓

用沼渣养蚯蚓,方法简单易行,投资少,效益大。尤其是把用沼渣养蚯蚓与饲料家禽家畜结合起来,能最大限度地利用有机物质,并净化环境,养殖饵料配制方法:将出池的沼渣晾干,让氨气、沼气逸出。用70%的沼渣,20%的烂碎草,10%的树叶及烂瓜果皮拌土后上床,堆放厚度为20~25cm。刚出池的沼渣不能马上放入蚓床喂蚯蚓,需要散开晾干后饲喂,以免引起蚯蚓缺氧死亡。

用沼渣养殖的蚯蚓可用于喂鸡、鸭、猪、牛,不仅节约饲料,而且增重快,产蛋、产奶量高。蚯蚓不仅可做畜禽饲料,还可以加工生产蚯蚓制品,用于食品、医药等各个领域。

4. 沼渣养殖土鳖虫

将充分厌氧发酵后的沼渣从沼气池水压间取出,自然风干后,再按60%的沼渣,10%的烂碎草、树叶,10%的瓜果皮、菜叶,20%的细砂土混在一起拌合,堆好后备用。饲料时,可根据条件分别采用洞养或池养。洞养时,洞壁要光滑,洞内铺设0.33m厚的沼渣混合料,如有掉了底的大口瓮埋在土里做饲养池则更好。池养时,池底铺0.17m厚的沼渣混合料,混合料要干湿均匀,其湿度以手捏成团,一扔即散为佳,这样的湿度适合土鳖虫的生长。

三、沼渣沼液相关产品开发

大中型沼气工程每天沼渣沼液的排放量大,沼渣沼液除直接应用于农田,也可用于规模化生产商品有机肥,包括颗粒有机肥和液态肥。沼渣沼液生产商品有机肥前,应先采用“沉淀—过滤—固液分离”进行分离,对其固形物采用“烘干—配方—混合—造粒—商品颗粒肥”的工艺路线,对沼液采用预处理—络合—混配的工艺路线。目前使用的固体分离机总体上分为筛分、离心分离和过滤三类。

(一)利用沼渣生产颗粒有机肥

1. 有机肥的产品标准

NT 525—2002(农业部颁布的有机肥料的行业标准号),根据需求可以制定企业标准。主要指标要求:有机质≥30.0%,氮磷钾≥4.0%,水分≤20.0%,pH 值 5.5~8.0。

2. 生产商品有机肥沼渣预处理的方式

有自然晾干、烘干和好氧发酵 3 种。

3. 商品肥腐熟的条件

(1)水分。一般控制材料持水量为 55%~65%。

(2)空气(通气条件)。通气好,有利于好气微生物活动,利于材料腐解。前期插草把调节;通气差,有利于嫌气微生物活动,不利于材料腐解,利于腐殖质形成。后期翻堆、压实等都可调节通气状况。

(3)温度。有机肥料中的温度变化是反映各种微生物群落生命活动的标志。在气温较低的季节,应提高堆温。可通过接种、加骡马粪、老堆肥等进行调节。

(4)碳氮比。一般好的堆沤肥要求碳氮比小于 25∶1,否则从环境中吸取氮素。

(5)酸碱度(pH 值)。肥料中微生物多需要微碱性环境,pH 值 7.5 最适宜。有机物分解过程中产生有机酸,pH 值降低,应加石灰、草木灰等碱性物质进行调节。

沼渣制取商品肥的工艺流程见图 5-20。沼渣制取商品肥的发酵装置和生产设备示意图见图 5-21 和图 5-22。

(二)利用沼液生产高效液态肥

云南师范大学沼气工程中心,利用沼气发酵残留物开发的高效有机液肥,获得了国家发明专利,工艺流程图见图 5-23。

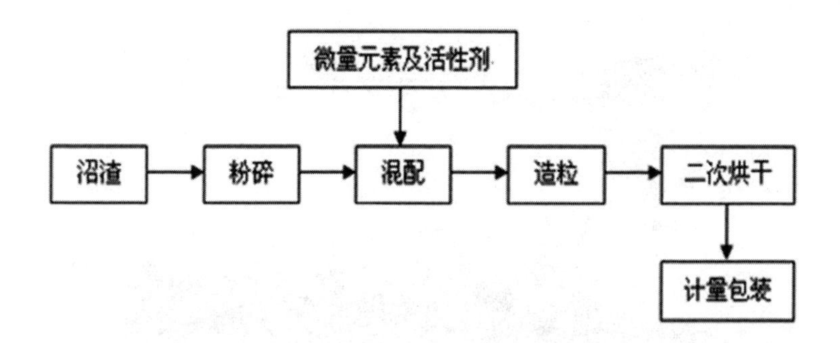

图 5-20　沼渣制取有机肥的工艺流程

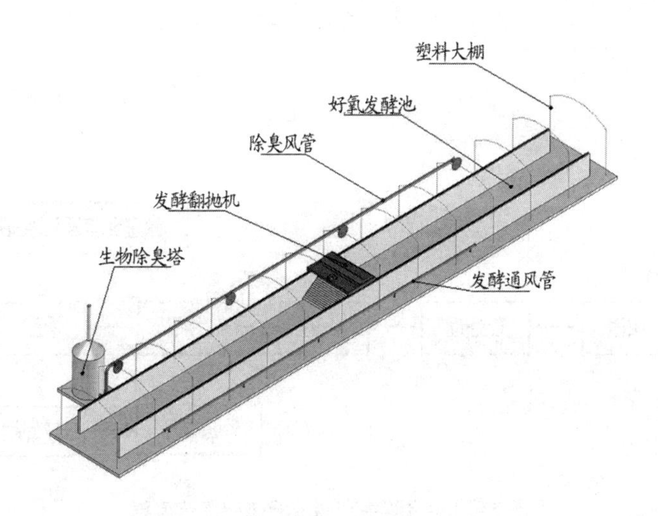

图 5-21　沼渣制取商品肥发酵装置

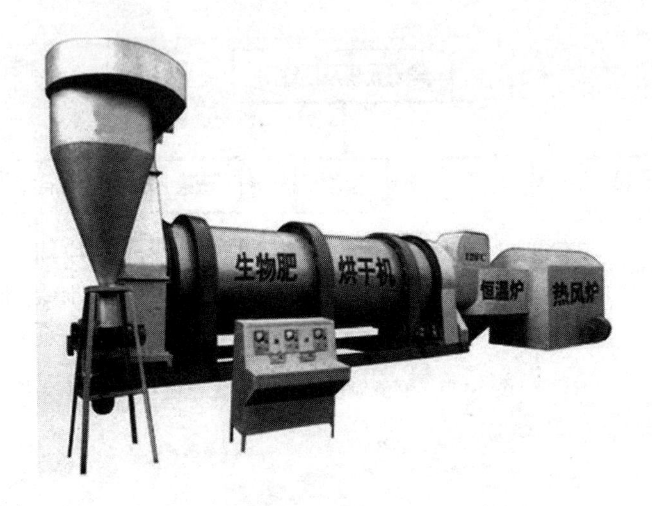

图 5-22　沼渣制取商品肥生产设备

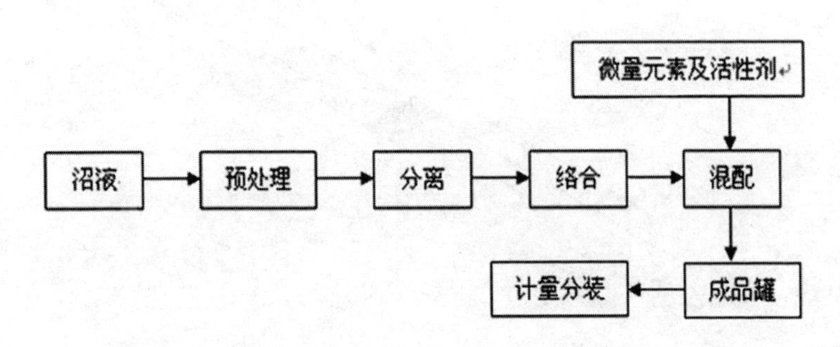

图 5-23　沼液生产高效液态肥工艺流程

第四节 以沼气为纽带的循环农业模式

在现代农业生产中，由于化肥、农药、兽药、饲料添加剂、动植物激素等农资的广泛使用，为农业生产和农产品产量提高发挥了积极作用，与此同时也给农产品质量安全带来了隐患，造成了严重的生态问题。更新观念，改变传统的农业生产模式，发展生态农业，建立健全农业发展的良性循环体系，使农业资源得到永续利用，走以生态农业为依托的循环经济发展之路是我国农业可持续发展的必然选择。

农业循环经济是一种较新的经济发展理念，是将循环经济的基本原理应用于农业系统。农业循环经济运用可持续发展思想和循环经济理论开展经济活动，按照生态系统内部物种共生、物质循环、能量多层次利用的生物链原理，调整和优化农业生态系统内部结构及产业结构，提高生物能源的利用率和有机废物的再利用和再循环，最大程度地减轻环境污染，使农业生产活动真正纳入到农业生态系统循环中去，从而达到生态平衡与经济协调发展。而在农业循环经济的发展模式中，沼气发酵起到重要的纽带作用，它以农业废弃物为原料，既能产生洁净的沼气能源，替代一次性能源的消耗，又能解决农业废弃物所引起的环境污染，形成一个良性的循环机制，并获取较好的经济效益和环境效益。

以沼气为纽带的生态农业循环经济是模仿自然生态系统的食物链结构，依据系统结构与功能相适应，物质分解、转化、富集、循环再生等合理地结合在一起的循环经济模式。在模式构成上，以沼气建设为中心，将能源利用、养殖业和种植业有机结合起来，通过厌氧发酵将畜禽粪便和作物秸秆等废弃物转化为清洁、廉价、安全的能源——沼气，农业生产的优质肥料——沼液、沼渣，促使系统整体更加协调、高效，促进物流、能流合理利用和良性循环；在接口技术上，充分利用自然生态系统中多种生物互利共生的原理，加强系统内物质循环作用，可使化肥、农药的用量降低，减少环境污染和生态破坏，实现农业的清洁生产和农业资源的循环利用，促进农业持续、健康发展；在文化意识上，提倡从普及农民的资源环境意识人手，规范人们的行为，协调人与自然的关系，创建和谐健康的农业生态经济环境。

随着我国沼气技术的不断提高，以沼气为纽带，因地制宜地根据各地区特点建立物质多层次利用、能量合理流动的生态循环农业生产模式在全国各地不断涌现，如以大棚蔬菜种植、养猪、厕所和沼气池相结合的“四位一体”的北方沼气生态模式，以“猪—沼—果”为特色的南方沼气生态模式，以“五配套”为特色的西北沼气生态模式，除此之外，还有如规模化“一棚一池”模式、休闲观光型循环农业模式、以沼气工程为纽带的新型复合种养模式等多种具有地区特点的循环农业模式。经过多年的实践证明，以沼气为纽带的生态循环农业模式应用，可获得显著的经济、社会和生态效益。

一、南方“猪—沼—果”能源生态模式

南方“猪—沼—果”能源生态模式是以农户为基本单元，利用房前屋后的山地、水面、庭院等场地，主要建设畜禽舍、沼气池、果园等几部分，同时使沼气池建设与畜禽舍和厕所三结合，形成养殖—沼气—种植三位一体庭院经济格局(图 5-24)。

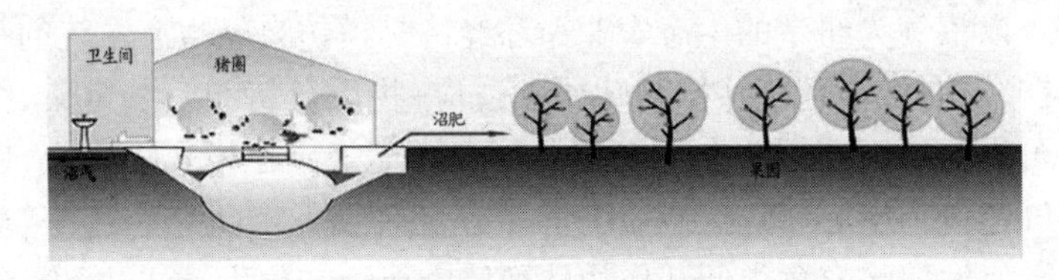

图 5-24 “猪—沼—果”能源生态模式

该模式的基本要素是"户建一口池，人均年出栏两头猪，人均种好一亩果"。基本运作方式是：沼气用于农户日常做饭点灯，沼肥用于果树或其他农作物，沼液用于鱼塘和饲料添加剂喂养生猪，果园套种蔬菜和饲料作物，满足庭院畜禽养殖饲料需求。

该模式围绕农业主导产业，因地制宜开展沼液沼渣综合利用。除养猪外，还包括养牛、养羊、养鸡等庭院种植业；除与果业结合外，还与粮食、蔬菜、经济作物等相结合，构成"猪—沼—果""猪—沼—菜""猪—沼—鱼""猪—沼—粮"等衍生模式。

二、北方"四位一体"能源生态模式

（一）"四位一体"模式的原理

北方"四位一体"能源生态模式是在农户庭院内建日光温室，在温室的一端地下建沼气池，沼气池上建猪圈和厕所，温室内种植蔬菜和水果（图5-25）。该模式以太阳能为动力，以沼气为纽带，种植业和养殖业相结合，形成生态良性循环，增加农民收入。

该模式以200～600m^2的日光温室为基本生产单元，在温室内部西侧、东侧或北侧建1个20m^2的太阳能畜禽舍和1个2m^2的厕所，畜禽舍下部为一个8～10m^3的沼气池。利用塑料薄膜的透光和阻散性能及复合保温墙体结构，将日光能转化为热能，阻止热量及水分的散发，达到增温、保温的目的，使冬季日光温室内的温度保持10℃以上，从而解决了反季节果蔬生产、畜禽和沼气池安全越冬问题。温室内饲养的畜禽可以为日光温室增温并为农作物提供二氧化碳气肥，农作物光合作用又能增加畜禽舍内的氧气含量；沼气池发酵产生的沼气、沼液和沼渣可用于农民生活和农业生产，从而达到环境改善，能源利用，促进生产，提高生活水平的目的。

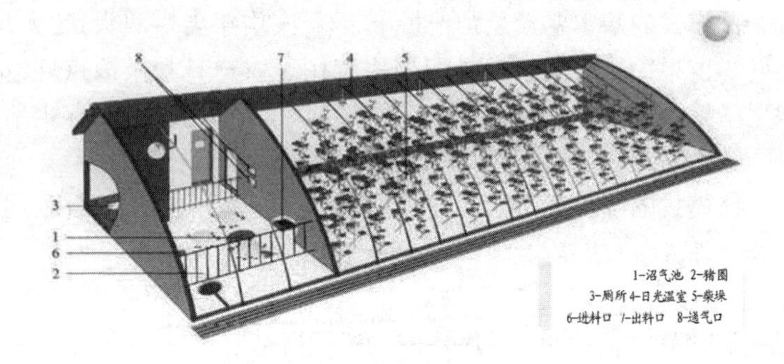

图 5-25 北方“四位一体”能源生态模式结构示意

(二)“四位一体”模式的单元功能

(1)沼气池。沼气池是“四位一体”模式的核心,起着连接养殖和种植、生产和生活用能的纽带作用。沼气池位于日光温室内的一端,利用畜禽舍自留入池的畜禽粪尿厌氧发酵,产生以甲烷为主要成分的混合气体,为生活(照明、炊事)和生产提供能源。同时,沼气发酵的残留物为蔬菜、果品和花卉等生长发育提供优质有机肥。

(2)日光温室。日光温室是“四位一体”模式的主体,沼气池、畜禽舍、厕所、蔬菜种植等都装入了温室内,形成全封闭状态。日光温室采用合理采光时段理论和复合载热墙体结构理论设计的新型节能型日光温室,其合理采光时段保持 4h 以上。

(3)太阳能畜禽舍。畜禽舍是“四位一体”模式的基础,根据日光温室设计原则设计,使其既达到冬季保温、增温,又能在夏季降温、防晒,使生猪全年生长,缩短育肥时间,节省饲料,提高养猪效益,并使沼气池常年产气利用。

(三)“四位一体”模式的效益

(1)以庭院或田园为基础。充分利用空间,搞地下、地上、空中立体生产,提高了土地利用率。

(2)高度利用时间。生产不受季节、气候限制,改变了北方

“一季有余,两季不足”的局面,使冬季农闲变农忙。

(3)高度利用劳动力资源。以自家庭院为生产基地,家庭妇女、闲散劳力、男女老少都可以从事生产。

(4)缩短养殖、种植时间,提高养殖业和种植业经济效益。一般每户年科养猪 20 头,种植蔬菜 300m^2,年纯收入 5 000 元以上。

(5)为城乡人民提供充足的鲜肉和鲜菜。繁荣了市场,发展了经济。

三、西北“五配套”能源生态模式

(一)“五配套”模式的原理

西北“五配套”能源生态模式是由沼气池、厕所、太阳能暖圈、水窖、果园灌溉设施等五个部分配套建设而成(图 5-26)。沼气池是“五配套”模式的核心部分,通过高效沼气池的纽带作用,把农村生产用肥和生活用能有机结合起来,形成以牧促沼,以沼促果,果牧结合的良性生态循环系统。

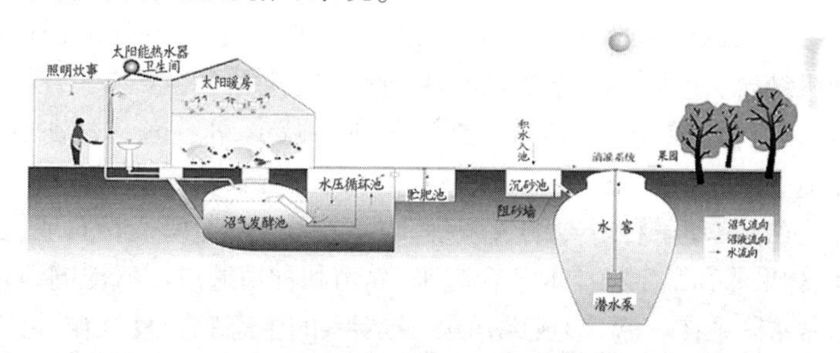

图 5-26　西北“五配套”能源生态模式结构示意

(二)“五配套”模式的单元功能

(1)高效沼气池。沼气池是“五配套”模式的核心,起来连接养殖和种植、生活用能与生产用肥的纽带作用。在果园或农户住宅前后建一个 8 ~ 10 m^3 的高效沼气池,既可解决点灯、做饭所需燃料,又可解决人畜粪便随地排放造成的各种病虫害的孳生,改变了农村生态环境。同时,沼气池发酵后的沼液可用于果树叶面喷肥、打药、喂猪，沼渣可用于果园施肥，从而达到改善环境，利用能源，促进生产，提高生活水平的目的。

(2)太阳能暖圈。太阳能暖圈是“五配套”模式实现以牧促沼、以沼促果、果牧结合的前提。采用太阳能暖圈养猪，解决了猪和沼气池的越冬问题，提高了主的生长率和沼气池的产气率。

(3)水窖及集水场。水窖和集水场是收集和贮蓄地表径流雨雪等水资源的集水设施。为果园配套集水系统，除供沼气池、园内喷药及人畜生活用水外，还可弥补关键时期时间果园滴灌、穴灌用水，防止关键时期缺水对果树生长的影响。

(4)果园灌溉设施。果园灌溉设施是将水窖中蓄积的雨水等通过水泵增压提水，经输水管输送、分配到滴管滴头，以水滴或细小射流均匀而缓慢地滴入果树根部附近。结合灌水可使沼气发酵子系统产生的沼液随灌水施入果树根部，使果树根系区经常保持适宜的水分和养分。

(三)“五配套”模式的效益

“五配套”模式实行鸡猪主体联养，圈厕池上下联体，种养沼有机结合，使生物种群互惠共生，物能良性循环，取得了省煤、省电、省劳、省钱，增肥、增效、增产，病虫害减少、水土流失减少，净化环境的“四省、三增、两减少、一净化”的综合效益。

(1)拉动了种养业的大发展。“五配套”生态模式将农业、畜牧业、林果业和微生物技术结合起来，养殖和种植通过沼气池的纽带作用紧密联系在一起，形成无污染、无废料的生态农业良性循环体系。施用沼肥可改良土壤，培肥地力。用沼液喷施果树叶面和沼渣根部追肥，不仅果树长势好，果品品质、商品性和产量都显著提高，还能增强果树的抗旱、抗冻和抗病虫害的能力，降低果树生产成本。

(2)加快了农民增收致富的步伐。“五配套”模式解决了农村能源短缺问题，增加了农民收入。建一个 10 m^3 的旋流布料沼气池，日存栏生猪5 头，全年产沼气450 m^3 以上；用沼气照明，全年节约照明用电 400kWh 以上，折合 200 多元；用沼气作燃料，节约煤炭2 000kg,折合400元;年产沼肥20t左右,可满足4 000m^{2}果园的生产用肥,节约化肥1 000多元;用沼液喷施果树,能防止蚜虫、红蜘蛛等病虫害的发生,年减少农药用量30%,4 000m^{2}果园节约用药折合200多元;利用沼肥种果,可使果品品质和商品性提高,增产25%以上。综合测算,农户年可增收节支达3 000~5 000元。

(3)改善农业生态环境。"五配套"生态模式促进了庭院生态系统物能良性循环和合理利用,一方面为农民提供了优质生活燃料,降低了林木植被资源消耗,提高了人力资源、土地资源以及其他资源的利用率,另一方面有利于巩固和发展造林绿化的成果,提高林木植被覆盖率,保护植被,涵养水源,改善生态环境。长期施用沼肥的土壤,有机质、氮、磷、钾和微量元素含量显著提高,保水和持续供肥能力增强,能为建立稳产、高产农田奠定良好的地力基础。

(4)促进了农村精神文明建设。"五配套"生态模式使人厕、沼气池、猪圈统一规划,合理布局,人有厕,猪有圈,人畜粪便及时入池,经过沼气池密封发酵,既杀死了虫卵病菌,又得到了优质能源和肥料,减少了各种疾病的发生和传播。加之用沼气灶做饭,干净卫生,使农村的环境卫生和厨房卫生彻底改善,减轻了妇女劳动强度,提高了农民的生活质量。

四、其他模式

除了上述三种成熟的模式之外,近年来,随着以沼气为纽带的循环农业的发展,我国各地结合自身的资源禀赋和特色产业,总结了多种具有当地特色的沼气循环农业模式,如设施蔬菜种植区域建立的规模化"一棚一池"模式,发展农业旅游、采摘的农业园区建立的休闲观光型循环农业模式,以及种养业结合发展的农牧公司建立的以沼气工程为纽带的新型复合种养模式等,本书在此不再一一赘述。

主要参考文献

1. 农业部人事劳动司,农业职业技能培训教材编审委员会. 沼气生产工（上册）. 北京:中国农业出版社,2004.

2. 农业部人事劳动司,农业职业技能培训教材编审委员会. 沼气生产工（下册）. 北京:中国农业出版社,2004.

3. 周孟津,张榕林,蔺金印. 沼气实用技术,北京:化学工业出版社,2011.

4. 环境保护部自然生态保护司. 农村环保实用技术. 中国环境科学出版社,2008.

5. 张全国. 沼气技术及其应用. 北京:化学工业出版社,2008.

6. 张无敌,尹芳,李建昌,等. 农村沼气综合利用. 北京:化学工业出版社,2009.

7. 倪慎军. 沼气生态农业理论与技术应用. 郑州:河南出版集团 中原农民出版社,2007.

附　录

GB/T 4752—2002 户用沼气池施工操作规程

1　范围

本标准规定了沼气池的建池选址、建池材料质量要求、土方工程、施工工艺、沼气池密封层施工等技术要求和总体验收。

本标准适用于按 GB/T 4750 设计的各类沼气池的施工

2　规范性引用文件

下列文件中的条款通过本标准的引用而成为本标准的条款凡是注日期的引用文件,其随后所有的修改单(不包括勘误的内容)或修订版均不适用于本标准,然而,鼓励根据木标准达成协议的各方研究是否可使用这些文件的最新版本。凡是不注日期的引用文件,其最新版本适用于本标准。

GB 175—1999　硅酸盐水泥、普通硅酸盐水泥

GB 1344—1999　矿渣硅酸盐水泥、火山灰质硅酸盐水泥及粉煤灰硅酸盐水泥

GB/T 4750—2002　户用沼气池标准图集

GB/T 4751 2002　户用沼气池质量检查验收规范

GB 5101 1998　烧结普通砖

GB 50164 —92　混凝土质量控制

JGJ 52—1992　普通棍凝土用砂质量标准及检验方法

JGJ 53—1992　普涌混凝土用碎石或卵石质量标准及检验方法

3　施工准备

3.1　池形选择根据 GB/T 4750 的技术要求,结合用户所能提供的发酵原料种类、数量和人口数、地质水文条件、气候、建池材料的选择难易、施工技术水平等特点,因地制宜地选定池形和池容积。

3.2　池址选择宜做到猪厩、厕所、沼气池三者联通建造,达到人、畜粪便能自流人池;池址与灶具的距离宜尽量靠近,一般控制在 25 m 以内;尽量选择在背风向阳、土质坚实、地下水位低和出料方便的地方。

3.3　拟定施工方案根据池形结构设计确定施工工艺;备足建池材料;作好施工前的技术准备工作。

3.3.1　4 ~ 10m^3 现浇混凝土曲流布料沼气池材料参考用量表(表 1)。

3.3.2　4 ~ 10m^3 预制钢筋混凝土板装配沼气池材料参考用量表(表 2)。

3.3.3　4 ~ 10m^3 现浇混凝土圆筒形沼气池材料参考用量表(表 3)。

3.3.4　4 ~ 10m^3 椭球形沼气池材料参考用量表(表 4)。

3.3.5　6 ~ 10m^3 分离贮气浮罩沼气池材料用量表(表 5)。

4　建池材料要求

4.1　水泥:优先选用硅酸盐水泥,也可以用矿渣硅酸盐水泥、火山灰质硅酸盐水泥或粉煤灰硅酸盐水泥。水泥的性能指标必须符合 GB 175 和 GB 1344 规定,宜选水泥强度标号为 325 号或 425 号的水泥。

4.2 水泥进场应有出厂合格证或进场试验报告,并应对其品种、标号出厂日期等检查验收。

当对水泥质量有怀疑或水泥出厂超过 3 个月,应复查试验,并按试验结果使用。

4.3 石子其最大颗粒粒径不得超过结构截面最小尺寸的 1/4,且不得超过钢筋间最小距离的 3/4。对混凝土实心板,石子的最大粒径不宜超过板厚的 1/2 且不得超过 20~40mm。

表 1 4~10m³ 现浇混凝土曲流布料沼气池材料参考用量表

容积(m^3)	混凝土				池体抹灰			水泥素浆	合计材料用量		
	体积(m^3)	水泥(kg)	中沙(m^3)	碎石(m^3)	体积(m^3)	水泥(kg)	中沙(m^3)	水泥(kg)	水泥(kg)	中沙(m^3)	碎石(m^3)
4	1.828	523	0.725	1.579	0.393	158	0.371	78	759	1.096	1.579
6	2.148	614	0.852	1.856	0.489	197	0.461	93	904	1.313	1.856
8	2.508	717	0.995	2.167	0.551	222	0.519	103	1 042	1.514	2.167
10	2.956	845	1.172	2.553	0.658	265	0.620	120	1 230	1.792	2.553

表 2 4~10m³ 预制钢筋混凝土板装配沼气池材料参考用量表

容积(m^3)	混凝土				池体抹灰			水泥素浆	合计材料用量			钢材	
	体积(m^3)	水泥(kg)	中沙(m^3)	碎石(m^3)	体积(m^3)	水泥(kg)	中沙(m^3)	水泥(kg)	水泥(kg)	中沙(m^3)	碎石(m^3)	12 号铁丝(kg)	Φ6.5 钢筋(kg)
4	1.540	471	0.863	1.413	0.393	158	0.371	78	707	1.234	1.413	14.00	10.00
6	1.840	561	0.990	1.690	0.489	197	0.461	93	851	1.451	1.690	18.98	13.55
8	2.104	691	1.120	1.900	0.551	222	0.519	103	1 016	1.639	1.900	20.98	14.00
10	2.384	789	1.260	2.170	0.658	265	0.620	120	1 174	1.880	2.170	23.00	15.00

表3 4~10m³ 现浇混凝土圆筒形沼气池材料参考用量表

容积(m^3)	混凝土				池体抹灰			水泥素浆	合计材料用量		
	体积(m^2)	水泥(kg)	中沙(m^3)	碎石(m^3)	体积(m^2)	水泥(kg)	中沙(m^3)	水泥(kg)	水泥(kg)	中沙(m^3)	碎石(m^3)
4	1.257	350	0.622	0.959	0.277	113	0.259	6	469	0.881	0.959
6	1.635	455	0.809	1.250	0.347	142	0.324	7	604	1.133	1.250
8	2.017	561	0.997	1.510	0.400	163	0.374	9	733	1.371	1.540
10	2.239	623	1.107	1.710	0.508	208	0.475	11	842	1.582	1.710

表4 现浇混凝土椭形沼气池材料参考用量表

池型	容积(m^3)	混凝土(m^3)	水泥(kg)	沙(m^3)	石子(m^3)	硅酸钠(kg)	石蜡(kg)	备注
椭球AⅠ型	4	1.01 8	381	0.671	0.777	4	4	
	6	1.278	477	0.841	0.976	5	5	
	8	1.517	566	0.998	1.158	6	6	
	10	1.700	638	1.125	1.298	7	7	
椭球AⅡ型	4	0.982	366	0.645	0.750	4	4	
	6	1.238	460	0.811	0.946	5	5	
	8	1.465	545	0.959	1.148	6	6	
	10	1.649	616	1.086	1.259	7	7	
椭球BⅠ型	4	1.010	376	0.664	0.771	4	4	
	6	1.273	473	0.833	0.972	5	5	
	8	1.555	578	1.091	1.187	6	6	
	10	1.786	662	1.167	1.364	7	7	

注1:表中各种材料均按产气率为0.2mm³/(m³·d)计算,未计损耗。

注2:抹灰砂浆采用体积比1:2.5和1:3.0两种,本表以平均数计算。

注3:碎石粒径为5~20mm。

注4:本表系按实际容积计算。

表5 6～10m³ 分离贮气浮罩沼气池材料参考用量表

池容/m³	混凝土工程				密封工程			合计		
	体积/m³	水泥/kg	中砂/m³	卵石/m³	面积/m³	水泥/kg	中砂/m³	水泥/kg	中砂/m³	卵石/m³
6	1.47	396	0.62	1.25	17.60	260	0.20	656	0.82	1.25
8	1.78	479	0.75	1.51	21.21	314	0.24	793	0.99	1.51
10	2.14	578	0.90	1.82	25.14	372	0.28	948	1.18	1.82
注:本表系按实妹容积计算,未计损耗;表中未包括贮粪池的材料用量										

4.4 沼气池混凝土所用石子,应符合 JGJ 53 规定。

4.5 沼气池混凝土所用的砂应符合 JGJ 52 规定. 宜采用中砂。

4.6 水选择饮用水。

4.7 砖应选择实心砖,应符合 GB 5101 规定,砖的强度等级应选择在 MU7.5 以上。

4.8 混凝土预制板强度等级应大于 C15,并应规格相同,尺寸准确,外形规则无缺损。

4.9 砌筑砂浆。

(1) 砂浆用砂应过筛,不得含有草根等杂物。砂浆的配合比应经试验确定,砂浆的施工配合比应采用质量比,强度等级采用 MU7.5。材料称量允许偏差为±2%。

(2) 砂浆的拌合如用机械搅拌,自投料时算起,不得少于 90 s。人工拌合,不得有可见原状砂粒,色泽应均匀一致。

(3) 砂将应随拌随用. 应在拌成后 3h 内使用完毕,如施工期间最高气温超过 30℃时应在拌成后 2h 内使用完毕。

4.10 外加剂。沼气池混凝土中可掺用外加剂,宜掺用能增加混凝土抗渗性及强度的早强剂、减水剂等,应符合有关标准,并经试验符合要求后方可使用,不得掺用加气剂、引气型减水剂。

5 土方工程

5.1 池坑开挖,按下列条件施工。

5.1.1 池址在有地下水或无地下水,土壤具有天然湿度,池坑直壁开挖深度应小于表6所规定的允许值;当池坑开挖深度小于表6的允许值时,可按直壁开挖池坑。

表6 池坑下壁开挖最大允许高度

土壤	无地下水,土壤具有天然湿度(m)	有地下水
人工填土和砂土内	1.00	0.60
在粉土和碎石内	1.25	0.75
在黏性土内	1.50	0.95

5.1.2 池建在无地下水,土壤具有天然湿度,土质构造均匀,池坑开挖深度小于5 m或建在有地下水,池坑开挖深度小于3m时,可按表7的规定放坡开挖。

表7 池坑放坡开挖比例

土壤	坡度	土壤	坡度
沙土	1∶1	碎石	1∶0.50
粉土	1∶0.78	粉性土	1∶0.67
黏土	1∶0.33		

5.2 池坑开挖放线。

5.2.1 进行直壁开挖的池坑,为了省工、省料,宜利用池坑土壁作胎模:

(1)圆筒形池与曲流布料池,上圈梁以上部位按放坡开挖的池坑放线,圈梁以下部位按模具成型的要求放线。

(2)椭球形池的上半球,一般按主池直径放大0.6 m放线,作为施工作业面,下半球按池形的几何尺寸放线。

(3)预制板沼气池坑,按 GB/T 4750 选定的沼气池的几何尺寸,加上背夯回填土 15cm 宽度进行放线,砖砌沼气池土壤好时,将砖块紧贴坑壁原浆砌筑,不留背夯位置。

(4) 池坑放线时,先定好中心桩和标高基准桩。中心桩和标高基准桩应牢固不变位。

(5)池坑开挖应按照放线尺寸,开挖池坑不得扰动土胎模,不准在坑沿堆放重物和弃土。如遇到地下水,应采取引水沟、集水井和曲流布料池的无底玻璃瓶等排水措施,及时将积水排除,引离施工现场;做到快挖快建,避免暴雨侵袭。

5.3 特殊地基处理。

5.3.1 淤泥:淤泥地基开挖后,应先用大块石压实,再用炉渣或碎石填平,然后浇筑 1∶5.5 水泥砂浆一层。

5.3.2 流砂:流砂地基开挖后,池坑底标高不得低于地下水位 0.5m。若深度大于地下水位 0.5m,应采取池坑外降低地下水位的技术措施,或迁址避开。

5.3.3 膨胀土或湿陷性黄土应采用更换好土或设置排水、防水措施。

6 现浇混凝土沼气池的施工

6.1 池坑开挖。

大开挖支模浇注法。按照 GB/T 4750 选定沼气池的尺寸,挖掉全池土方。池墙外模,利用原状土壁;池墙和池盖内模可用钢模、砖模、木模等支模后浇注混凝土,一次成型。混凝土浇捣要连续、均匀对称、振捣密实,池盖浇捣程序由下而上,池盖顶面原浆压实抹光。

6.2 支模。

6.2.1 外模:曲流布料沼气池与圆筒形的池底、池墙和球形、椭球形沼气池下半球的外模,对于适合直壁开挖的池坑,利用池坑壁作外模。

6.2.2　内模:曲流布料沼气池与圆筒形的池墙、池盖和椭球形沼气池的上半球内模,可采用钢模、砖模或木模。砌筑砖模时,砖块应浇水湿润,保持内潮外干,砌筑灰缝不漏浆。

6.3　模板及其支架。

应符合下列规定:

(1) 保证沼气池结构和构件各部分形状尺寸和相应位置的正确;

(2)具有足够的强度、刚度和稳定性,能可靠地承受新浇筑混凝土的正压和侧压力,以及施工过程中施工人员及施工设备所产生的荷载;

(3) 构造简单装拆方便,并便于钢筋的绑扎与安装和棍凝土的浇筑及养护等工艺要求;

(4) 模板接缝严密不得漏浆。

6.4　混凝土的配合比。

6.4.1　混凝土施工配合比,应根据设计的混凝土强度等级、质量检验、混凝土施工和易性及尽力提高其抗渗能力的要求确定,并应符合合理使用材料和经济的原则。

6.4.2　混凝土的最大水灰比不超过0.65,每 m^3 混凝土最小水泥用量不小于275kg。

6.4.3　混凝土浇筑时塌落度应控制在2~4cm。

6.4.4　混凝土原材料称量的偏差不得超过表8中允许偏差的规定。

表8　材料称重允许偏差

材料名称	允许偏差(%)
水泥	±2
石子、砂石	±3
水、外加剂	±2

6.5 混凝土搅拌要求。

混凝土搅拌当采用机械搅拌,最短时间不得小于90s。当采用人工拌合时,拌合好的混凝土应保证色泽均匀一致,不得有可见原状石子和砂。

6.6 模板及支架检验。

对模板及其支架、钢筋和预埋件应进行检查并做好记录,符合设计要求后方能浇筑混凝土。

6.7 浇筑混凝土前的检查。

对模板内的杂物和钢筋上的油污等应清理干净,对模板的缝隙和孔洞应予堵严,对木模板应浇水湿润,但不得有积水。

6.8 混凝土倾落度的要求。

混凝土自高处倾落的自由高度不应超过2m。

6.9 浇筑混凝土清洁要求。

浇筑池底混凝土时应消除淤泥和杂物,并应有排水和防水措施,干燥的非黏性土应用水湿润。

6.10 浇筑混凝土气温要求。

在降雨雪或气温低于0℃时不宜浇筑混凝土,当需浇筑时应采取有效措施,确保混凝土质量。

6.11 浇筑混凝土程序要求。

沼气池混凝土浇筑采用螺旋式上升的程序一次浇筑成型。要求振捣密实、无蜂窝、麻面、裂缝等缺陷,并做好施工记录

6.12 浇筑混凝土温度要求。

混凝土拌合后,当气温不高于25℃,宜在120min内浇筑完毕,当温度高于25℃时,宜在90min内浇筑完毕。

6.13 混凝土的养护。

6.13.1 对已浇筑完毕的混凝土.应在12h内加以覆盖和24h后浇水养护,当日平均气温低于5℃时不得浇水。

6.13.2 混凝土的浇水养护时间,对采用硅酸盐水泥、普通硅酸盐水泥或矿渣硅酸盐水泥拌制的混凝土不得小于7d,对火山灰质及粉煤灰硅酸盐水泥及掺用外加剂的混凝土不得少于14d。

6.13.3 在已浇筑的混凝土强度未达到1.5 MPa,不得在其仁踩踏或安装模板及支架。

7 池底施工

先将池基原状土夯实,然后铺设卵石垫层,并浇灌1∶5.5的水泥砂浆,再浇筑池底混凝土,要求振实并将池底抹成曲面形状。

8 进、出料管施工

进、出料管与水压间的施工及回填土,应与主池在同一标高处同时进行,并注意做好进、出料管插入池墙部位的混凝土加强部分。

9 砌筑沼气池和预制钢筋混凝土板装配沼气池的施工

9.1 采用"活动轮杆法"砖砌圆筒形沼气池池墙砌筑中应注意:

(1)砖块先浸水,保持面干内湿。

(2)砖块砌筑应横平竖直,内口顶紧,外口嵌牢,砂浆饱满,竖缝错开。

(3)注意浇水养护砌体,避免灰缝脱水。

(4)若无条件紧贴坑壁砌筑时,池墙外围回填土应回填密实。回填土含水量控制在20%~25%,可掺入30%粒径小于40mm的碎石、石灰渣或碎砖瓦等;对称、均匀回填夯实,边砌筑边回填。

9.2 上圈梁施工。

在砌好的池墙上端,做好砂浆找平层,然后支模。当采用工具式弧形木模时,应分段移动浇筑混凝土,要拍捣密实,随打随压抹光。

9.3 池盖砌筑。

浇筑好上圈梁后立即进行池盖砌筑施工或待圈梁混凝土强度达到设计强度等级70%后再进行砌筑池盖。对砖砌或小型混凝土预制块沼气池可采用“无模悬砌卷拱法”砌筑施工对于预制板混凝土池盖施工应采用支模法施工。

9.4 预制钢筋混凝土板及装配施工。

预制板混凝土预制时的混凝土浇筑配合比、养护、支模等按6.2、6.4、6.13要求进行。

9.5 预制钢筋混凝土板装配沼气池的施工

先浇池底圈梁混凝土,然后按池墙、池拱预制板编号和进、出料管位置方向组装。关键要注意各部位垂直度、水平度符合要求,并特别注意接头处粘接牢固、密实。

10 拆模

10.1 拆侧模时要求混凝土强度应达到不低于混凝土设计强度等级的40%。拆承重模时要求混凝土强度应达到不低于混凝土设计强度等级的75%。

10.2 在拆除模板过程中应注意保护棍凝土表面及棱角不因拆除模板而受损坏,如发现混凝土有影响结构及抗渗性的质量问题时应暂停拆除。经过处理后方可继续拆除。

11 回填土

回填土应以好土为主,并注意对称均匀回填,分层夯实。拱盖上的回填土,应待混凝土强度达到设计强度等级的75%后进行,避免局部受冲击。

12　密封层施工

12.1　基层处理。

12.1.1　混凝上基层的处理在模板拆除后,立即用钢丝刷将表面打毛,并在抹面前浇水冲洗干净。

12.1.2　当遇有混凝土基层表面凹凸不平、蜂窝孔洞等现象时,应根据不同情况分别进行处理。

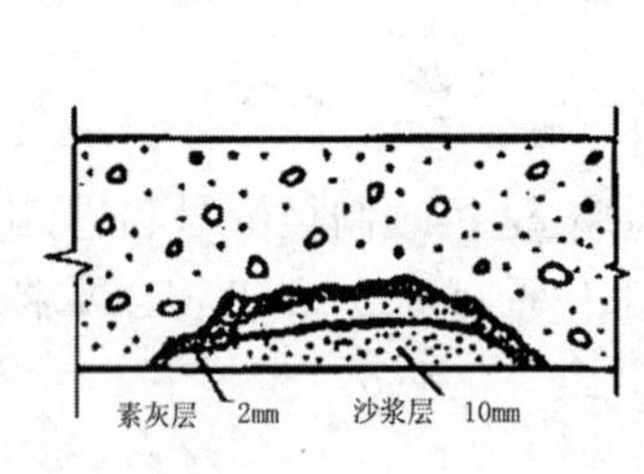

图1　混凝土基层凹凸不平的处理

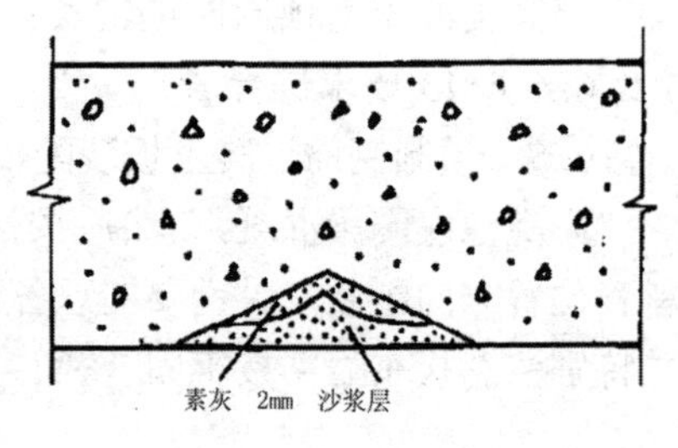

图2　混凝土基层孔洞处理

当凹凸不平处的深度大于10mm时,先用钻子剔成斜坡,并用钢丝刷刷后浇水清洗干净,抹素灰2mm,再抹砂浆找平层(图1),抹后将砂浆表面横向扫成毛面。如深度较大时,待砂浆凝固后(一般间隔12h)再抹素灰2mm,再用砂浆抹至与混凝土平面齐平为止。

当基层表面有蜂窝孔洞时,应先用钻子将松散石除掉,将孔洞四周边缘剔成斜坡,用水清洗干净,然后用2mm素灰、10mm水泥砂浆交替抹压,直至与基层齐平为止,并将最后一层砂浆表面横向抹成毛面待砂浆凝固后,再与混凝土表面一起做好防水层(图2)。当蜂窝麻面不深,且石子粘结较牢固,则需用水冲洗干净,再用1∶1水泥砂浆用力压抹平后,并将砂浆表面扫毛即可(见图3)。对砌筑的砌体,需将砌缝剔成1cm深的直角沟槽(不能剔成圆角)(图4)。

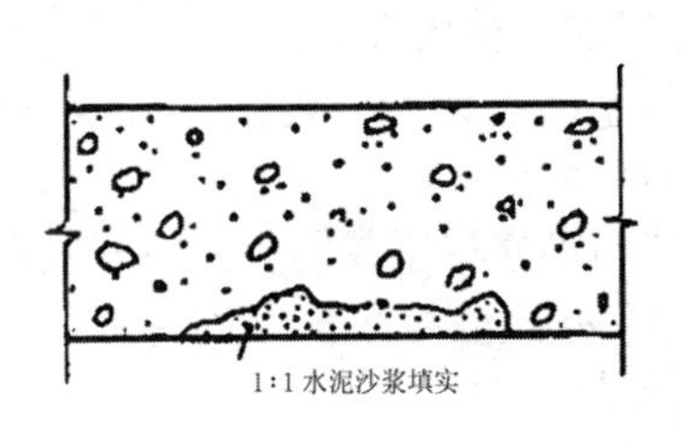

图3 混凝土基层蜂窝处理

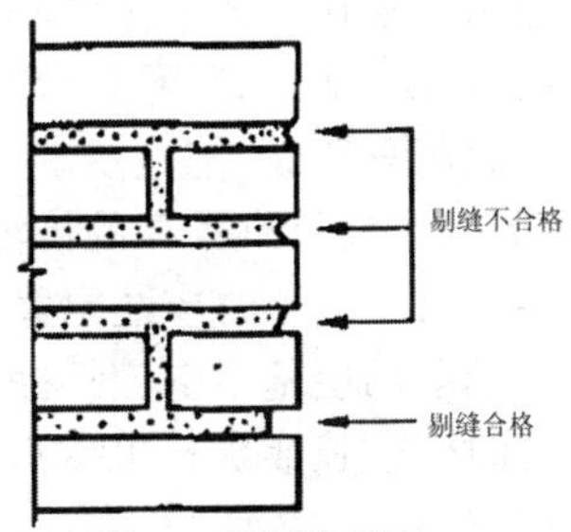

图4 砌体缝处理

12.1.2.1 砌块基层处理需将表面残留的灰浆等污物清除干净,并浇水冲洗。

12.1.2.2 在基层处理完后,应浇水充分浸润。

12.2 四层抹面法。

沼气池刚性防渗层抹面法施工要求(表9)

表9 四层抹面法施工要求

层次	水灰比	操作要求	作用
第一层素灰	0.4~0.5	用稠素水泥浆刷一遍	结合层
第二层水泥砂浆层厚10mm	0.4~0.5 水泥:沙为1:3	1.在素灰初凝时进行,即当素灰干燥到用手指能按入水泥浆层1/4至1/2时进行,要使水泥砂浆薄薄压入素灰层约1/4左右,以使第一、第二层结合牢固 2.水泥砂浆初凝前,用木抹子将表面抹平、压实	起骨架和护素灰作用
第三层水泥砂浆层厚4~5mm	0.4~0.5 水泥:砂为1:2	1.操作方法同第二层,水分蒸发过程中,分次用木抹子抹压1~2遍。以增加密实性,最后再压光。 2.每次抹压间隔时间应视施工现场湿度大小、气温高低及通风条件而定	起着骨架和防水作用
第四层素灰层厚2mm	0.37~0.4	1.分两次用铁抹子往返用力刮抹,先刮抹1mm厚素灰作为结合层,使素灰填实基层孔隙,以增加防水层的黏结力,随后再刮抹1mm厚的素灰,厚度要均匀,每次刮抹素灰后,都应用橡胶皮或塑料布适时收水(认真搓磨) 2.用湿毛刷或排笔蘸水泥浆在素灰表面依次均匀水平涂刷1遍,以堵塞和填平毛细孔道,增加不透水性,最后刷素浆1~2遍,形成密封层	防水、密封作用

12.3　密封层施工操作要求。

12.3.1　施工时,务必做到分层交替抹仄密实,以使每层的毛细孔道大部分切断,使残留的少量毛细孔无法形成连通的渗水孔网,保证防水层具有较高的抗渗防水性能。

12.3.2　施工时应注意素灰层与砂浆层应在同一天内完成即防水层的前两层基本上连续操作,后两层连续操作,切勿抹完素灰后放置时间过长或次日再抹水泥砂浆。

12.3.3　素灰抹面,素灰层要薄而均匀,不宜过厚,否则造成堆积,反而降低粘结强度且容易起壳。抹面后不宜干撒水泥粉,以免素灰层厚薄不均影响粘结。

12.3.4　水泥砂浆揉浆,用木抹子来回用力压实,使其渗人素灰层。如果揉压不透则影响两层之间的粘结在揉压和抹平砂浆的过程中,严禁加水,否则砂浆干湿不一,容易开裂。

12.3.5　水泥砂浆收压,在水泥砂浆初凝前,待收水 7 000(即用手指按压上去有少许水润出现而不易压成手迹)时,就可以进行收压工作。收压是用木抹子抹光压实。收压时需掌握:

(1)砂浆不宜过湿。

(2)收压不宜过早,但也不迟于初凝。

(3)用铁板抹压而不能用边口刮压,收压一般作两道第一道收压表面要粗毛,第二道收压表面要细毛,使砂浆密实,强度高且不易起砂。

13　涂料密封层施工

13.1　涂料选用经过省、部级鉴定的密封涂料,材料性能要求具有弹塑性好,无毒性,耐酸碱,与潮湿基层粘结力强,延伸性好,耐久性好,且可涂刷的。

13.2　涂料施工要求和旅工注意事项应按所购产品的使用说明书要求讲行。

14 贮气浮罩的施工

14.1 焊接浮罩骨架。

1 ~ $2m^3$ 浮罩骨架采用 DN25 的水煤气管作导向套管,DN25 的水煤气管作中心导向轴;3 ~ $4m^3$ 浮罩骨架采用 DN25 的水煤气管作导向导管, DN25 的水煤气管作中心导向轴。套管底端比骨架低 5mm,顶端比骨架顶高 15mm。

14.2 浮罩顶板施工。

首先平整场地,在场地上划一个比浮罩尺寸大 100 ~ 150mm 的圆圈,用红砖沿圆周摆平,砌规则,在圆内填满河砂压实并形成锥形,锥形的高度:1 ~ $2m^3$ 浮罩为 10mm; 3 ~ $4m^3$ 浮罩为 20mm。在导气管处,需下陷一些,形成一个锥形,以增强导气管的牢固性。然后在上面铺一层塑料薄膜,放上浮罩骨架,校止好,按顶板设计厚度用 1 : 2 水泥砂浆抹实压平. 待初凝时,撒上水泥灰,反复抹光沿顶板边缘处,按设计尺寸切成 45°斜口,并保持粗糙,以便与浮罩壁能牢固的胶接。

14.3 砌模。

顶板终凝后,以导向套圆浮罩内径为半径用 53mm 砖砌模。砖模应紧贴钢架,砌浆采用黏土泥浆。模砌至距浮罩壁口部100 ~ 120mm 时,砌模倾向套管 20 ~ 30mm,使口部罩壁加厚。

模体砌好后,用黏土泥浆抹平砌缝,稍干之后刷石灰水一遍。

14.4 制作浮罩壁。

先将模体外缘的塑料薄膜按浮罩外径大小切除,清洗干净,在顶板圆周毛边用 1 : 2 水泥砂浆铺上 100mm。然后沿模体由下向下粉刷,厚 20 ~ 30mm。施工不能停顿,一次粉刷完。待罩壁初凝后,撒上干水泥灰压实磨光,消除气孔. 进行养护。

14.5 内密封。

浮罩终凝后,拆去砖模,刮去罩壁上的杂物,清洗干净。在罩内顶板与罩壁连接处,用 1 : 1 水泥砂浆做好 50 ~ 60mm 高的斜边,罩壁内表用 1 : 2 水泥砂浆抹压一次,厚度 5mm 左右,压实抹光,消除气泡砂眼。终凝后,再刷水泥浆二至二遍、使罩壁平整光滑。

14.6　水封池试压。

将水封池内注满清水,待池体湿透后标记水位线. 观察 12h. 当水位无明显变化时,表明水封池不漏水。

14.7　安装浮罩。

浮罩养护 28d 后,可进行安装,将浮罩移至水封池旁边,并慢慢放入水中,由导气管排气。当浮罩落至离池底 200mm 左右,关掉导气管,将中心导向轴、导向架安装好,拧紧螺母,最后将空气全部排除。

14.8　浮罩试压。

先把浮罩安装好后,在导气管处装上气压表,再向浮罩内打气,同时仔细观察浮罩表面,检查是否有漏气当浮罩上升到最大高度时,停止打气,稳定观察 24h,,气压表水柱差下降在 3% 以内时,为抗渗性能符合要求。

14.9　分离贮气浮罩。

沼气池的浮罩及水封池尺寸选用见表 10。

表 10　6 ~ 10m^3 分离贮气浮罩沼气池及水封池尺寸选用表

容积(m^3)		6					8					10				
产气率 m^3/(m^3·d)		0.20	0.25	0.30	0.35	0.10	0.20	0.25	0.30	0.35	0.40	0.20	0.25	0.30	0.35	0.40
水封池	内径(mm)	1 200	1 200	1 300	1 300	1 400	1 250	1 300	1 400	1 450	1 500	1 300	1 400	1 450	1 550	1 600
	净深(mm)	1 300	1 350	1 400	1 150	1 600	1 350	1 450	1 500	1 600	1 650	1 450	1 500	1 600	1 650	1 700
浮罩	内径(mm)	1 000	1 000	1 100	1 100	1 200	1 050	1 100	1 200	1 250	1 300	1 100	1 200	1 250	1 350	1 400
	净高(mm)	1 000	1 050	1 100	1 150	1 200	1 050	1 150	1 200	1 300	1 350	1 150	1 200	1 300	1 350	1 400
	总容积(m^3)	0.79	0.82	1.05	1.08	1.36	0.91	1.08	1.36	1.60	1.79	1.09	1.36	1.60	1.93	2.16
	有效容积(m^3)	0.70	0.75	0.95	1.00	1.24	0.82	1.00	1.24	1.47	1.86	1.00	1.24	1.47	1.79	2.00

表 11　1～4mm^3 分离贮气浮罩沼气池及水封池材料参考用量表

浮罩容积(m^3)	制作工程			刷浆工程	合计		水封池容积(m^3)	混凝土工程				粉刷工程		合计		
	砂浆(m^3)	水泥(m^3)	中砂(m^3)	水泥(kg)	水泥(kg)	中砂(m^3)		体积(m^3)	水泥(m^3)	中砂(m^3)	卵石(m^3)	水泥(m^3)	中砂(m^3)	水泥(m^3)	中砂(m^3)	卵石(m^3)
1	0.144	80	0.134	14	94	0.134	2	0.323	87	0.140	0.280	79	0.19	166	0.330	0.260
2	0.233	129	0.217	23	152	0.217	3.5	0.466	125	0.196	0.396	115	0.27	240	0.466	0.396
3	0.304	168	0.283	30	198	0.283	5	0.585	158	0.250	0.500	144	0.34	302	0.590	0.500
4	0.368	203	0.342	37	240	0.342	6.5	0.689	186	0.289	0.586	171	0.40	357	0.689	0.566

注:表中材料未浮罩,水封池的钢材用量

15　质量总体检查验收

按 GB/T 4751 进行检查验收。凡符合要求,可交付用户投料使用。

GB/T 4751—2002 户用沼气池质量检查验收规范

前言

1984年原国家标准局发布了GB/T 4751—1984《农村家用水压式沼气池质量检查验收标准》，与GB/T 4750—1984《农村家用水压式沼气池标准图集》和GB/T 4752—1984《农村家用水压式沼气池施工操作规程》相配套，同时发布实施。

1985年以后国家发布了一系列建筑工程质量检验规范和试验方法标准，加之GB/T 4750—1984《农村家用水压式沼气池标准图集》和GB/T 4752—1984((农村家用水压式沼气池施工操作规程》已作了修订，为保持标准间的协调与配套和适应沼气事业持续有序发展的需要，本标准亦应作相应的修订。

本标准保留了GB/T 4751—1984经实践证明仍适合我国当前实际的内容，修订补充了以下主要内容：

——对池坑开挖、砖砌体等允许偏差值作了修订调整；

——增加了范围、引用标准、建池材料等章、节内容；

——增加了浮罩试压、检验、沼气池验收登记表等内容。

本标准与GB/T 4750—2002《户用沼气池标准图集》和GB/T 4752—2002《户用沼气池施工操作规程》配套使用。

本标准由农业部科技教育司提出。

本标准由昆明市农村能源环境保护办公室负责起草，河北省建筑科学研究院、农业部沼气科学研究所、湖北省农村能源办公室、四川省农村能源办公室、四川省新都县沼气办公室参加起草。

本标准主要起草人：张万俊、郑启寿、任元才、王长廷、杨其学、杨文谦、王德双。

本标准委托昆明市农村能源环境保护办公室负责解释。

本标准所代替标准的历次版本发布情况为:GB/T 4751—1984。

1 范围

本标准规定了户用沼气池选用现浇混凝土、砖砌体、钢筋混凝土预制板等材料建池以及密封层施工的质量检查验收的内容、方法及要求。

本标准适用于按 GB/T 4750—2002 设计和 GB/T 4752—2002 进行建池施工沼气池的质量检查验收。

2 规范性引用文件

下列文件中的条款通过本标准的引用而成为本标准的条款。凡是注日期的引用文件,其随后所有的修改单(不包括堪误的内容)或修订版均不适用于本标准,然而,鼓励根据本标准达成协议的各方研究是否可使用这些文件的最新版本。凡是不注日期的引用文件,其最新版本适用于本标准。

GB 175—1999 硅酸盐水泥,普通硅酸盐水泥

GB 1344—1999 矿渣硅酸盐水泥,火山灰质硅酸盐水泥及粉煤灰硅酸盐水泥

GB/T 4750—2002 户用沼气池标准图集

GB/T 4752—2002 户用沼气池施工操作规程

GB 50203—1998 砖石工程施工及验收规范

JGJ 52—1992 普通混凝土用砂质量标准及检验方法

JGJ 53—1992 普通混凝土用碎石或卵石质量标准及检验方法

JGJ 81—1985 普通混凝土力学性能试验方法

JGJ/T 23—1992 回弹法检测混凝土抗压强度技术规程

JGJ 70—90 建筑砂浆基本性能试验方法

3 建池材料

3.1 水泥检验验收应符合 GB 175、GB 1344 的规定。
3.2 碎石或卵石的检验验收应符合 JGJ 53 的规定。
3.3 砂的检验验收应符合 JGJ 52 的规定。
3.4 外加剂的质量验收应符合该产品的标准。

4 土方工程

4.1 沼气池池坑地基承载力设计值≥50 kPa。
检验方法:观察检查土质情况,复查施工记录。
4.2 回填土应分层夯实,其质量密度值要求达到 1.8 g/cm^3,偏差值不大于(1.8±0.03)g/cm^3。
检验方法:检验施工记录及土质取样测定,每池取两点。
4.3 池坑开挖标高、内径、池壁垂直度和表面平整度允许偏差值见表 1。

表 1 池坑开挖允许偏差

项目	允许偏差/mm	检验方法	检查点数
直径	+20	用尺量	4
标高	+15 −5	用水准仪按施工记录拉线用尺量	4
垂直度	±10	用垂锤线和尺量	4
表面平整度	±5	用 1m 靠尺和楔形塞尺	4

5 模板工程

5.1 砖模、钢模、木模和支撑件应有足够的强度、刚度和稳定性,并拆装方便。
检验方法:用手摇动和观察检查。
5.2 模板的缝隙以不漏浆为原则。
检验方法:观察检查。
5.3 曲流布料池、圆筒形池整体现浇混凝土模板安装允许偏差及检查方法见表2。

表2 现浇模板安装允许偏差

<table>
<tr><th>项目</th><th>分项</th><th>允许偏差值（mm）</th><th>检验方法</th><th>检查点数</th></tr>
<tr><td rowspan="2">池与水压间标高</td><td>木模</td><td>±10</td><td rowspan="2">用尺量或用水准仪检查</td><td>3</td></tr>
<tr><td>钢模</td><td>±5</td><td>3</td></tr>
<tr><td>断面尺寸</td><td></td><td>±5
−3</td><td>用尺量</td><td>3</td></tr>
<tr><td>池盖模板</td><td>曲率半径</td><td>±10</td><td>用曲率半径准绳</td><td>3</td></tr>
</table>

5.4 椭球形池上、下半球的曲率应保持与标准图集设计相一致，尺寸允许偏差±5 mm。

5.5 预制构件模板安装的允许偏差及检查方法见表3。

表3 预制构件模板安装允许偏差

<table>
<tr><th colspan="2">项目</th><th>允许偏差值/mm</th><th>检验方法</th><th>检查点数</th></tr>
<tr><td rowspan="2">长度</td><td>板</td><td>±5</td><td>用尺量</td><td>2</td></tr>
<tr><td>沼气池砌体</td><td>0
−3</td><td>用尺量</td><td>2</td></tr>
<tr><td rowspan="2">宽度</td><td>板</td><td>±5</td><td>用尺量</td><td>2</td></tr>
<tr><td>沼气池砌体</td><td>0
−2</td><td>用尺量</td><td>2</td></tr>
<tr><td rowspan="2">厚度</td><td>板</td><td>±2</td><td>用尺量</td><td>2</td></tr>
<tr><td>沼气池砌体</td><td>±2</td><td>用尺量</td><td>2</td></tr>
<tr><td colspan="2">对角线</td><td>+3</td><td>用尺量</td><td>2</td></tr>
<tr><td colspan="2">直径</td><td>±3</td><td>用尺量</td><td>2</td></tr>
<tr><td rowspan="2">表面平整</td><td>板</td><td>+2</td><td>用尺量</td><td>2</td></tr>
<tr><td>沼气池砌体</td><td>+2</td><td>用尺量</td><td>2</td></tr>
<tr><td>侧向弯曲</td><td>板</td><td>1/1 000</td><td>用尺量</td><td>2</td></tr>
</table>

6 混凝土工程

6.1 混凝土在拌制和浇筑过程中应按下列规定进行检查验收。

6.1.1 检查拌制混凝土所用原材料的品种、规格和用量，每一工作班至少两次。

6.1.2 检查混凝土在浇筑地点的塌落度，每工作班至少两次。

6.1.3 混凝土的搅拌时间随时检查。

6.2 混凝土质量检验。

6.2.1 检查混凝土质量，当有条件时宜采用试块进行抗压强度检验，混凝土质量的抗压强度值应不低于 GB/T 4750 中设计值的95%。

6.2.2 用于检查混凝土质量的试样，试件应采用钢模制作，应在混凝土的浇筑地点随机取样制作，试件的留置应符合下列规定。

(1)同一配合比混凝土其取样不得少于一次。

(2)每班拌制的同一配合比混凝土其取样不得少于一次。

6.2.3 试件强度试验的方法应符合 JGJ 81 的规定。

6.2.4 每组三个试件应在同盘混凝土中取样制作，并按下列规定确定该组试件混凝土强度代表值：

(1)取三个试件强度的平均值。

(2)当三个试件强度中的最大值或最小值之一与中间值之差不超过15%时取中间值。

(3)当三个试件强度中的最大值和最小值与中间值之差均超过中间值15%时，该组试件不得作强度评定的依据。

6.3 回弹仪法检测混凝土抗压强度。

检查混凝土质量不具备采用试块进行抗压强度试验验收条件时，可采用回弹仪法检测混凝土抗压强度与验收，混凝土抗压强度值应不低于 GB/T 4750 设计值的95%。

6.4 浇筑混凝土的要求。

混凝土应振捣密实，不允许有蜂窝、麻面和裂纹等缺陷。

6.4.1 检验方法:观察检查。

6.4.2 现浇混凝土沼气池允许偏差值及检验方法见表4。

表4 现浇混凝土沼气池允许偏差

项目	允许偏差	检验方法	检验点数
内径	+3 -5	拉线用尺量	4
外径	+5 -3	拉线用尺量	4
池墙标高	+5 -10	用水准仪测或拉线用尺量	4
池墙垂直度	±5	吊线用尺量	4
弧面平整度	±4	用弧形尺和楔形塞尺检查	4
圈梁断面尺	+5 -3	拉线用尺量	4
池壁厚度	+5 -3	用尺量取平均值	4

7 砖砌体与预制板工程

7.1 砖砌体工程。

7.1.1 砌体中砂浆应饱满密实。垂直及水平灰缝的砂浆饱满度不得低于95%;不允许出现内外相通的孔隙。

检验方法:在池墙、池盖不同位置各掀3块砖,用百分格网查砖底面、侧面砂浆的接触面积大小,一般取3处的平均值。

7.1.2 组砌方法应正确,竖缝错开不准有通缝;水平灰缝要平直,平直度偏差不超过10mm。

检验方法:观察检查或用尺量。

7.1.3 砖砌体允许偏差及检查方法见表5。

表5　砖砌体允许偏差

项目	允许误差(mm)	检验方法	检查点数
直径	±5	用尺量	2
标高	+5 -15	用水准仪或拉线用尺量	4
水平灰缝平直度	±10	拉水平线用尺量	2
水平灰缝厚度	±3	用尺量	3
池墙垂直度	1m 范围内±5	用垂直和尺量	3

7.2　混凝土预制板工程。

7.2.1　砌体砂浆要饱满密实,板间接头牢固,组砌方法正确,不允许出现通缝或联通缝隙。

7.2.2　砌体外缝采用 C 20 细石混凝土灌缝;砌体内缝用 1:2.0 水泥砂浆,分两层勾缝与池内壁相平。

7.2.3　砂浆在拌合和施工过程中应按下列规定进行检查验收。

(1)检查拌制砂浆所用原材料的品种、规格和用量,每一工作班至少两次。

(2)砂浆的拌合时间应随时检查。

7.2.4　砂浆的质量检验,一般用试块方法检验,试块的制作方法应符合 GB 50203 的规定,试块的强度检验方法应符合 JGJ 70 的规定。试块强度平均值应不低于设计强度等级的95%。

8　水泥密封检验

8.1　水泥密封层应灰浆饱满,抹压密实,无翻砂、无裂纹、无空鼓、无脱落,表层光滑。接缝要严密,各层间粘结牢固。

检验方法:边施工边观察或用木锤敲击检查;查施工记录。

8.2　水泥密封层厚度应符合 GB/T 4752 的设计要求;总厚度允许偏差+5 mm。

检验方法:边施工边检查。

9 涂料密封层检验

9.1 涂料层应薄而均匀,并且具有对潮湿基面良好的附着力,抗老化性及耐酸碱性,不得出现任何裂纹。

9.2 涂料密封层施工中涂刷不得有漏刷、脱落、空鼓、起壳、接缝不严密、裂缝等现象,涂刷厚度要均匀,表面光滑。

检验方法:边施工边检查;查施工记录。

10 沼气池整体施工质里和密封性能验收及检验方法

10.1 直观检查法:应对施工记录和沼气池各部位的几何尺寸进行复查池体内表面应无蜂窝、麻面、裂纹、砂眼和气孔;无渗水痕迹等目视可见的明显缺陷;粉刷层不得有空鼓或脱落现象,合格后方可进行试压验收。

10.2 待混凝土强度达到设计强度等级的85%以上时,方能进行试压查漏验收。检验方法有水试压法和气试压法。

10.2.1 水试压法:向池内注水,水面升至零压线位时停止加水,待池体湿透后标记水位线,观察12 h。当水位无明显变化时,表明发酵间及进出料管水位线以下不漏水,之后方可进行试压。试压时先安装好活动盖,并做好密封处理;接上“U”形水柱气压表后继续向池内加水,待“U”形水柱气压表数值升至最大设计工作气压时停止加水,记录“U”形水柱气压表数值,稳压观察24h。若气压表下降数值小于设计工作气压的3%时,可确认为该沼气池的抗渗性能符合要求。

10.2.2 气试压法:池体加水试漏同水试压法。确定池墙不漏水之后,抽出池中水将进出料管口及活动盖严格密封装上“U”形水柱气压表,向池内充气,当“U”形水柱气压表数值升至设计工作气压时停止充气,并关好开关,稳压观察24 h。若“U”形水柱气压表下降数值小于设计工作气压的3%时,可确认为该沼气池的抗渗性能符合要求。

浮罩式沼气池,须对贮气浮罩进行气压法检验。

浮罩试压:先把浮罩安装好后,在导气管处装上"U"形水柱气压表,再向浮罩内打气,同时在浮罩外表面刷肥皂水仔细观察浮罩,表面检查是否有漏气。当浮罩上升到设计最大高度时,停止打气稳定观察24 h,"U"形水柱气压表,水柱下降数值小于设计工作气压的3%时,可确认该浮罩的抗渗性能符合要求。

11 沼气池整体工程竣工验收

11.1 沼气池交付使用前应符合GB/T 4750的设计要求,按GB/T 4752施工。

11.2 沼气池工程验收时,应填写(提供)沼气池验收登记表(表6)。

表6 省 地(市) 县 乡沼气池验收登记表

沼气建池户姓名		施工技术员姓名	
建池户地址		沼气池池型	
开工日期		沼气池容积	
竣工日期		验收日期	
建池材料(水泥、砂、石等)数量、规格、标号			
建沼气池用户意见(签字)			
主持验收单位意见(须说明建设技术、质量、材料等是否合格,试压检验结果等): 负责人(签章) 年 月 日			

NY/ T 2065—2011 沼肥施用技术规范

前言

本标准按照 GB/T 1.1—2009 给出的规则起草。本标准由中华人民共和国农业部科技教育司提出并归口。本标准起草单位：农业部沼气科学研究所、农业部沼气产品及设备质量监督检验测试中心、西北农林科技大学。本标准主要起草人：李健、邱凌、陈子爱、邓良伟、郑时选、赵跃新、王俊鹏、席新明。

1 范围

本标准规定了沼气池制取沼肥的工艺条件、理化性状，主要污染物允许含量、综合利用技术与方法。本标准适用于以畜禽粪便为主要发障原料的户用沼气发酵装置所产生的沼肥用于粮油、果树、蔬菜、食用菌等的施用。

2 规范性引用文件

下列文件对于本文件的应用是必不可少的。凡是注日期的引用文件，仅注目期的版本适用于本文件。凡是不注日期的引用文件，其最新版本(包括所有的修改单〉适用于本文件。

GB 7959— 1987 粪便无害化卫生标准

NYjT 90 农村家用沼气发酵工艺规程

NY 525 有机肥料

3 术语和定义

下列术语和定义适用于本文件。

3.1 沼肥 (Anaerobic Digestate Fertilizer)。

畜禽粪便等废弃物在厌氧条件下经微生物发酵制取沼气后用作肥料的残留物。主要由沼渣和沼液两部分组成。

3.2 沼渣(Digested Sludge)。

畜禽粪便等废弃物经沼气发酵后形成的固形物。

3.3 沼液(Digested Effluent)。

畜禽粪便等废弃物经沼气发酵后形成的液体。

3.4 发酵时间(Fermentation Time)。

沼气发酵装置正常启动制取沼气至取用沼肥的时间。

3.5 总养分(Total Nutrient Content)。

沼渣、沼液中全氮、全磷(P_2O_5)和全钾(K_2O)含量之和,通常以质量百分数计。

3.6 主要污染物(Main Pollutant)。

沼肥中含有常见的重金属、病原菌、寄生虫卵等有害物质。

3.7 总固体含量(Total Solids,TS)。

沼气池投料后料液中含有总溶解固体量和总悬浮固体量之和,以质量百分数表示。

NY/T 2065—2011

4 泪气池发酵工艺条件要求

4.1 符合 NY/T 90 的有关技术要求。

4.2 严格的厌氧条件。

4.3 投料浓度宜为 TS=6%~10%。

4.4 常温条件下沼气发酵时间在 1 个月以上。

5 沼肥的理化性状要求

5.1 沼肥的颜色为棕褐色或黑色。

5.2 沼渣水分含量 60%~80%。

5.3 沼液水分含量 96%~99%。

5.4 沼肥 pH 值为 6.8~8.0。

5.5 沼渣干基样的总养分含量应≥3.0%，有机质含量≥30%。
5.6 沼液鲜基样的总养分含量应≥0.2%。

6 主要污染物允许含量

6.1 沼肥重金属允许范围指标应符合 NY 525—2002 中 5.8 规定的要求，参见附录 A。
6.2 沼肥的卫生指标应符合 GB 7959—1987 中表 2 规定的要求，参见附录 B。

7 农作物施用沼肥技术

7.1 总则
7.1.1 沼肥的施用量应根据土壤养分状况和作物对养分的需求量确定，具体农作物施用量参见附录 C、附录 D 和附录 E。
7.1.2 沼渣宜作基肥；沼液宜作追肥和叶面追肥。
7.1.3 沼渣与化肥配合施用时

(1)两者各为作物提供氮素量的比例为 1∶1，并根据沼渣提供的养分含量和不同作物养分的需求 量确定化肥的用量。

(2)沼渣宜作基肥一次性集中施用，化肥宜作追肥，在作物养分的最大需要期施用，并根据作物磷和钾的需求量，配合施用一定量的磷、钾肥。

7.1.4 沼液与化肥配合施用时

(1)根据沼气池能提供沼液的量确定化肥的用量。

(2)从沼气池取用沼液的量每次不宜超过 250 ~ 300kg。

7.1.5 沼液叶面喷施

(1)沼液应符合 4.4 要求。

(2)喷洒量要根据农作物和果树品种、生长时期、生长势及环境条件确定。

(3)喷洒时一般宜在晴天的早晨或傍晚进行，雨后重新喷洒。

(4)气温高以及作物处于幼苗、嫩叶期时，应用 1 份沼液对 1

份清水稀释施用;气温低以及在作物处于生长中、后期可用沼液直接喷施。

(5)喷洒时,宜从叶面背后喷洒。

(6)沼液应澄清、过滤。

7.2 粮油作物沼肥施用技术。

7.2.1 沼渣施用技术。

(1)沼渣作基肥,施用量根据作物不同需求进行,水稻每年1~2季,其他作物每年1季,具体年施用量参见附录C。

(2)施用方法:可采用穴施、条施、撒施。施后应充分和土壤混合,并立即覆土,陈化1周后便可播种、栽插。

7.2.2 沼渣与沼液配合施用。

(1)沼渣年施用量13 500~27 000 kg/hm^2;沼液年施用量45 000~100 000 kg/hm^2。

(2)施用方法:沼渣做基肥一次施用。沼液在粮油作物孕穗和抽穗之间采用开沟施用,覆盖10cm左右厚的土层。有条件的地方,可采用沼液与泥土混匀密封在土坑里并保持7~10d后施用。

7.2.3 沼渣与化肥配合施用。

(1)沼渣宜作基肥施用,各作物年施用量参见附录D。

(2)化肥宜作追肥。在拔节期、孕穗期施用。对于缺磷和缺钾的旱地,还可以适当补充磷肥和钾肥。

7.3 果树沼肥施用技术。

7.3.1 沼渣施用技术。

(1)年施用量参见附录C。

(2)施用方法:一般是在春季2~3月和采果结束后,以每棵树冠滴水圈对应挖长60~80cm、宽20~30cm、深30~40cm的施肥沟进行施用,并覆土。

7.3.2 沼液施用技术。

(1)沼液一般用作果树叶面追肥。

(2)追肥方法应符合 7.1.5 的要求。

(3)采果前 1 个月停止施用。

7.4 蔬菜沼肥施用技术。

7.4.1 沼渣施用技术。

(1)按每年 2 季计算年施用量,参见附录 C、附录 D。

(2)施用方法:栽植前 1 周开沟一次性施人。

7.4.2 沼液施用技术。

(1)沼液宜作追肥施用。

(2)按每年 2 季计算年施用量,参见附录 E,不足的养分由其他肥料补充。

(3)施用方法:定植 7~10d 后,每隔 7~10d 施用一次,连续 2~3 次。

(4)蔬菜采摘前 1 周停止施用。

8 农作物沼液浸种技术

8.1 要求。

8.1.1 要使用上年或当年生产的新鲜种子。

8.1.2 浸种前应对种子进行晾晒,晾晒时间不得低于 24h。

8.1.3 浸种前应对种子进行筛选,清除杂物、秕粒。

8.1.4 使用正常发酵产气 2 个月以上的沼液。

8.1.5 浸种时将种子装在能滤水的袋子里,并将袋子悬挂在沼气池水压间的上清液中。

8.1.6 沼液温度 10℃以上,pH 值在 7.2~7.6。

8.2 操作步骤 清理沼气池水压间的杂物—选种—装袋—浸种—滤干—播种。

8.3 水稻浸种技术要点。

8.3.1 常规稻品种采用一次性浸种。在沼液中浸种时间:早稻 48 h,中稻 36 h,晚稻 36 h,粳、糯稻可延长 6 h,然后清水洗净,破胸催芽。

8.3.2 抗逆性较差的常规稻品种应将沼液用清水稀释1倍后进行浸种,浸种时间为36 ~ 48 h,然后清水洗净,破胸催芽。

8.3.3 杂交稻品种应采用间歇法沼液浸种,三浸三晾,清水洗净,破胸催芽。

在沼液中浸种时间为:杂交早稻为42 h,每次浸14 h,晾6 h;杂交中稻为36 h.每次浸12 h,晾6 h;杂交晚稻为24 h.每次浸8 h,晾6 h。

8.4 小麦浸种技术要点

将晒干的麦种装入袋内在沼气池水压间漫泡12 h,取出用清水洗净、沥干水分,摊开麦种晾干表面水分,次日即可播种。

8.5 玉米浸种技术要点与小麦浸种一样,浸泡时间为4 ~6 h。

8.6 棉花浸种技术要点。

8.6.1 将棉花种子袋浸入沼气池水压间,浸泡36 ~48 h。取出袋子滤去水分,用草木灰拌合反复轻搓,使其成为黄豆粒状即可用于播种。

8.6.2 浸泡时要防止种子漂浮在液面。

8.6.3 播种时间不宜选择在阴雨天。

9 沼液防治农作物病虫害技术

9.1 沼液选用要求。

正常发酵产气3个月以上,pH值为6.8 ~7.6 ,用纱布过滤,曝气2h后备用。

9.2 沼液防治农作物病害技术要点。

9.2.1 沼液按1∶3稀释后,对叶面进行喷施。

9.2.2 喷施时间以上午10时前或下午3时后为宜,每次喷施量为525 kg/hm^2。

9.2.3 每7 ~10 d喷施1次,连续喷施3次。

9.2.4 沼液还可与其他农药混合施用,以提高防病效果。

9.2.5 沟施或灌根。

(1)沼液按 1∶3 稀释;

(2)粮油作物类可顺沟追施沼液 4 500~25 250 kg/hm^2。

(3)茄果类、瓜类蔬菜可按 500 g / 株沼液稀释液进行灌根,间隔 7~10d,连续 3 次。

9.3 沼液防治农作物蛸虫技术要点。

9.3.1 在蚰虫发生期,选用沼液和洗衣粉溶液,洗衣粉∶清水 = 0.1∶1/0.5 kg,配制成沼液治虫剂。

9.3.2 选择晴天的上午喷施,每次喷施量 525 kg/hm^2。

9.3.3 每天喷施一次,连续喷施两次。

9.4 沼液防治玉米螟幼虫技术要点

9.4.1 在螟虫孵化盛期,用沼液 50kg,加 2.5% 敌杀死乳油 10mL 配成沼液治虫药液。

9.4.2 选择晴天的上午喷施,每次喷施量 525 kg/hm^2。

9.4.3 每天喷施一次,连续喷施两次。

9.5 沼液防治红蜘蛛技术要点。

9.5.1 施用前沼液用纱布过滤,放置 2h 后用喷雾器喷施。

9.5.2 选择气温低于 25℃ 的天气,在露水干后全天喷施,重点喷在叶片的背面。

9.5.3 每次喷施量 525 kg/hm^2,每天喷施一次,连续喷施两次。

9.5.4 对于上年结果多、树势弱的果树,在沼液中加入0.1% 的尿素。

9.5.5 对幼龄树和结果少、长势弱的树,在沼液中加入 0.2%~0.5% 的磷饵肥,以利花芽的形成。

10 沼液无土栽培技术

10.1 经沉淀过滤后的沼液,按各类蔬菜的营养需求,以 1∶(4~18)比例稀释后用作无土栽培营养液。

10.2 根据蔬菜品种不同或对微量元素的需要,可适当添加微量元素,并调节 pH 值为 5.5~6.0。

10.3 在蔬菜栽培过程中,要定期添加或更换沼液。

11 沼渣配制营养土技术

选用腐熟度好、质地细腻的沼渣，按沼渣：泥土：锯末：化肥以20%～30%：50%～60%：5%～10% 0.1%～0.2%的比例配合拌匀即可。

12 沼渣栽培食用菌技术

12.1 沼渣栽培蘑菇技术要点。

12.1.1 沼渣的选择。

选用正常产气的沼气池中停留3个月出池后的无粪臭味的沼渣。

12.1.2 栽培料的配备。

将5000 kg沼渣、1 500 kg麦秆或稻草、15 kg棉籽皮、60 kg石膏、25 kg石灰混合后可作为栽培料。

12.2 沼渣栽培平菇技术要点。

12.2.1 沼渣的处理：经充分发酵腐熟的沼渣从沼气池中取出后，堆放在地势较高的地方，盖上塑料薄膜沥水24 h，其水分含量为60%～70%时可作培养料使用。

12.2.2 拌和填充物。

将无霉变的填充料晾干，沼渣：填充料以3：2的比例拌和均匀即可使用。

12.3 沼渣瓶栽灵芝技术要点。

12.3.1 沼渣处理。

选用正常产气3个月以上的宿气池中的沼渣，其中应无完整的秸秆，有稠密的小孔，无粪臭。将沼渣干燥至含水量60 %左右备用。

12.3.2 培养料配制

在沼渣中加50%的棉籽壳、少量玉米粉和糖，将各种配料放在塑料薄膜上拌匀即可。

附录 A
(资料性附录)
有机肥料污染物质允许含量

单 位	项 目	浓度限值
1	总镉(以 Cd 计)	≤3
2	总汞(以 Hg 计)	≤5
3	总铅(以 Pb 计)	≤100
4	总铬(以 Cr 计)	≤300
5	总砷(以 As 计)	≤70

附录 B
(资料性附录)
沼气发酵卫生标准

编 号	项 目	卫生标准及要求
1	密封贮存期	30 d 以上
2	高温沼气发酵温度	53℃±2℃持续 2d
3	寄生虫卵沉降率	95%以上
4	血吸虫卵和钩虫卵	在使用粪液中不得检出活的血吸虫卵和钩虫卵
5	粪大肠菌值	常温沼气发酵 10^{-4},高温沼气发酵 $10^{-2} \sim 10^{-1}$
6	蚊子、苍蝇	有效地控制蚊蝇草生,粪液中无孑孓, 池的周围无活的蛆、蛹或新羽化的成蝇
7	沼气池粪渣	经无害化处理后方可用作农肥

附录 C

(资料性附录) 几种主要作物沼渣年参考施用量

单位:kg/hm²

作物种类	沼渣施用量
水　稻	22 500 ~ 37 500
小　麦	27000
玉　米	27000
棉　花	15 000 ~ 45 000
油　菜	30 000 ~ 45 000
苹　果	30 000 ~ 45 000
番　茄	48000
黄　瓜	33000

附录 D

(资料性附录)

几种主要作物沼渣与化肥配合年参考施用量

单位:kg/hm²

作物种类	沼渣施用量	尿素施用量	碳铵施用量
水　稻	11 250 ~ 18 750	120 ~ 210	345 ~ 585
小　麦	13 500	150	420
王　米	13 500	150	420
棉　花	7 500 ~ 22 500	75 ~ 240	240 ~ 705
油　菜	15 000 ~ 22 500	165 ~ 240	465 ~ 705
苹　果	15 000 ~ 30 000	165 ~ 330	465 ~ 945
番　茄	24 000	255	750
黄　瓜	16 500	180	510
注:N 京化肥选用其中一种			

附录 E

（资料性附录）

几种主要蔬菜沼液与化肥配合年参考施用量

单位：kg/hm^2

蔬菜种类	沼液施用量	尿素施用量	过磷酸钙施用量	氯化钾施用量
番茄	30 000	450	315	645
黄瓜	30 000	300	495	360

Ⅱ NY/T 667—2011 沼气工程规模分类

前 言

本标准由中华人民共和国农业部提出并归口。

本标准起草单位:农业部沼气科学研究所。

本标准主要起草人员:施国中、邓良伟、颜丽、梅自力、蒲小东、宋立。

1 范围

本标准规定了沼气工程规模的分类方法和分类指标。

本标准适用于各种类型新建、扩建与改建的农村沼气工程,不适用于户用沼气池和生活污水净化沼气池。其他类型沼气工程参照执行。

2 术语

下列术语适用于本文件。

2.1 沼气工程(Biogas Engineering)。

采用厌氧消化技术处理各类有机废弃物(水)制取沼气的系统工程。

2.2 厌氧消化装置(Anaerobic Digester)。

对各类有机废弃物(水)等发酵原料进行厌氧消化并产生沼气、沼渣和沼液的密闭装置。

2.3 厌氧消化装置单体容积(Volume of Individual Digester)。

一个沼气工程中单个厌氧消化装置的容积。

2.4 厌氧消化装置总体容积（Total Volume of Digesters）。

一个沼气工程中所有厌氧消化装置的总容积。

2.5 日产沼气量（Daily Biogas Production）。

厌氧消化装置全年产沼气量的日平均值。

2.6 配套系统（Accessory Installations）。

发酵原料的预处理(收集、沉淀、水解、除砂、粉碎、调节、计量、加热等)系统;进出料系统;回流、搅拌系统;沼气的净化、储存、输配和利用系统;计量系统;安全保护系统;监控系统;沼渣、沼液综合利用或后处理系统。

3 规模分类方法

3.1 沼气工程规模按沼气工程的日产沼气量,厌氧消化装置的容积,以及配套系统等进行划分。

3.2 沼气工程的规模分特大型、大型、中型和小型等4种。

3.3 沼气工程规模分类指标中的日产沼气量与厌氧消化装置总体容积为必要指标,厌氧消化装置单体容积和配套系统为选用指标。

3.4 沼气工程规模分类时,必须同时采用两项必要指标和两项选用指标中的任意一项指标加以界定。

3.5 日产沼气量和厌氧消化装置总体容积中的其中一项指标超过上一规模的指标时,取其中的低值作为规模分类依据。

4 规模分类指标

4.1 沼气工程规模分类指标和配套系统见表。

4.2 日产沼气量,厌氧消化装置总体容积与日原料处理量的对应关系参照表见附录A。

表　沼气工程规模分类指标和配套系统

工程规模	日产沼气量 Q (m^3/d)	厌氧消化装置单体容积 V_1(m^3)	厌氧消化装置总体容积 V_2(m^3)	配套系统
特大型	Q≥5000	V_1≥2500	V_2≥5000	发酵原料完整的预处理系统;进出料系统;增温保温、搅拌系统;沼气净化、储存、输配和利用系统;计量设备;安全保护系统;监控系统;沼渣沼液综合利用或后处理系统
大型	5000>Q≥500	2500>V_1≥500	5000>V_2≥500	发酵原料完整的预处理系统;进出料系统;增温保温、搅拌系统;沼气净化、储存、输配和利用系统;计量设备;安全保护系统;沼渣沼液综合利用或后处理系统
中型	500>Q≥150	500>V_1≥300	1000>V_2≥300	发酵原料的预处理系统;进出料系统;增温保温、回流、搅拌系统;沼气的净化、储存、输配和利用系统;计量设备;安全保护系统;沼渣沼液综合利用或后处理系统
小型	150>Q≥5	300>V_1≥20	600>V_2≥20	发酵原料的计量、进出料系统;增温保温、沼气的净化、储存、输配和利用系统;计量设备;安全保护系统;沼渣沼液的综合利用系统

附 录 A
(资料性附录)

日产沼气量,厌氧消化装置总体容积与日原料处理量的对应关系

表 A.1 给出了日产沼气量,厌氧消化装置总体容积与日原料处理量的对应关系。

表 A.1 日产沼气量,厌氧消化装置总体容积与日原料处理量的对应关系参照表

工程规模	日产沼气量 Q (m^3/d)	厌氧消化装置总体容积 V_2(m^3)	原料种类及数量	
			畜禽存栏数Ⅱ(猪当量)	秸秆 W(t)
特大型	Q≥5000	V_2≥5000	H≥50000	W≥15
大型	5000>Q≥500	5000>V_2≥500	50000>H≥5000	15>W≥1.5
中型	500>Q≥150	1000>V_2≥300	5000>H≥1500	1.5>W≥0.50
小型	150>Q≥5	600>V_2≥20	1500>H≥50	0.50>W≥0.015

注:

1.1 头猪的粪便产气量约为 0.10m^3/头,称为 1 个猪当量,所有畜禽存栏数换算成猪当量数

2.采用其他种类畜禽粪便作发酵原料的养殖场沼气工程,其规模可换算成猪的粪便产气当量,换算比例为 1 头奶牛折算成 10 头猪,1 头肉牛折算成 5 头猪,10 羽蛋鸡折算成 1 头猪,20 羽肉鸡折算成 1 头猪

3.秸秆为风干,含水率≤15%,原料产气率约为 330m^3/t

4.池容产气率:特大型和大型沼气工程采用高浓度中温发酵工艺,池容产气率不小于 1.0m^3/(m^3·d);中型沼气工程采用近中温或常温发酵工艺,池容产气率不小于 0.5m^3/(m^3·d);小型沼气工程采用常温发酵工艺,池容产气率不小于 0.25m^3/(m^3·d)

中华人民共和国环境保护法

第一章　总则

第一条　为保护和改善环境,防治污染和其他公害,保障公众健康,推进生态文明建设,促进经济社会可持续发展,制定本法。

第二条　本法所称环境,是指影响人类生存和发展的各种天然的和经过人工改造的自然因素的总体,包括大气、水、海洋、土地、矿藏、森林、草原、湿地、野生生物、自然遗迹、人文遗迹、自然保护区、风景名胜区、城市和乡村等。

第三条　本法适用于中华人民共和国领域和中华人民共和国管辖的其他海域。

第四条　保护环境是国家的基本国策。

国家采取有利于节约和循环利用资源、保护和改善环境、促进人与自然和谐的经济、技术政策和措施,使经济社会发展与环境保护相协调。

第五条　环境保护坚持保护优先、预防为主、综合治理、公众参与、损害担责的原则。

第六条　一切单位和个人都有保护环境的义务。

地方各级人民政府应当对本行政区域的环境质量负责。

企业事业单位和其他生产经营者应当防止、减少环境污染和生态破坏,对所造成的危害依法承担责任。

公民应当增强环境保护意识,采取低碳、节俭的生活方式,自觉履行环境保护义务。

第七条　国家支持环境保护科学技术研究、开发和应用,鼓励环境保护产业发展,促进环境保护信息化建设,提高环境保护科学技术水平。

第八条　各级人民政府应当加大保护和改善环境、防治污染和其他公害的财政投入,提高财政资金的使用效益。

第九条　各级人民政府应当加强环境保护宣传和普及工作,鼓励基层群众性自治组织、社会组织、环境保护志愿者开展环境保护法律法规和环境保护知识的宣传,营造保护环境的良好风气。

教育行政部门、学校应当将环境保护知识纳入学校教育内容,培养学生的环境保护意识。

新闻媒体应当开展环境保护法律法规和环境保护知识的宣传,对环境违法行为进行舆论监督。

第十条　国务院环境保护主管部门,对全国环境保护工作实施统一监督管理;县级以上地方人民政府环境保护主管部门,对本行政区域环境保护工作实施统一监督管理。

县级以上人民政府有关部门和军队环境保护部门,依照有关法律的规定对资源保护和污染防治等环境保护工作实施监督管理。

第十一条　对保护和改善环境有显著成绩的单位和个人,由人民政府给予奖励。

第十二条　每年6月5日为环境日。

第二章　监督管理

第十三条　县级以上人民政府应当将环境保护工作纳入国民经济和社会发展规划。

国务院环境保护主管部门会同有关部门,根据国民经济和社会发展规划编制国家环境保护规划,报国务院批准并公布实施。

县级以上地方人民政府环境保护主管部门会同有关部门,根据国家环境保护规划的要求,编制本行政区域的环境保护规划,报同级人民政府批准并公布实施。

环境保护规划的内容应当包括生态保护和污染防治的目标、任务、保障措施等,并与主体功能区规划、土地利用总体规划和城乡规划等相衔接。

第十四条　国务院有关部门和省、自治区、直辖市人民政府组织制定经济、技术政策，应当充分考虑对环境的影响，听取有关方面和专家的意见。

第十五条　国务院环境保护主管部门制定国家环境质量标准。

省、自治区、直辖市人民政府对国家环境质量标准中未作规定的项目，可以制定地方环境质量标准；对国家环境质量标准中已作规定的项目，可以制定严于国家环境质量标准的地方环境质量标准。地方环境质量标准应当报国务院环境保护主管部门备案。

国家鼓励开展环境基准研究。

第十六条　国务院环境保护主管部门根据国家环境质量标准和国家经济、技术条件，制定国家污染物排放标准。

省、自治区、直辖市人民政府对国家污染物排放标准中未作规定的项目，可以制定地方污染物排放标准；对国家污染物排放标准中已作规定的项目，可以制定严于国家污染物排放标准的地方污染物排放标准。地方污染物排放标准应当报国务院环境保护主管部门备案。

第十七条　国家建立、健全环境监测制度。国务院环境保护主管部门制定监测规范，会同有关部门组织监测网络，统一规划国家环境质量监测站（点）的设置，建立监测数据共享机制，加强对环境监测的管理。

有关行业、专业等各类环境质量监测站（点）的设置应当符合法律法规规定和监测规范的要求。

监测机构应当使用符合国家标准的监测设备，遵守监测规范。监测机构及其负责人对监测数据的真实性和准确性负责。

第十八条　省级以上人民政府应当组织有关部门或者委托专业机构，对环境状况进行调查、评价，建立环境资源承载能力监测预警机制。

第十九条 编制有关开发利用规划，建设对环境有影响的项目，应当依法进行环境影响评价。

未依法进行环境影响评价的开发利用规划，不得组织实施；未依法进行环境影响评价的建设项目，不得开工建设。

第二十条 国家建立跨行政区域的重点区域、流域环境污染和生态破坏联合防治协调机制，实行统一规划、统一标准、统一监测、统一的防治措施。

前款规定以外的跨行政区域的环境污染和生态破坏的防治，由上级人民政府协调解决，或者由有关地方人民政府协商解决。

第二十一条 国家采取财政、税收、价格、政府采购等方面的政策和措施，鼓励和支持环境保护技术装备、资源综合利用和环境服务等环境保护产业的发展。

第二十二条 企业事业单位和其他生产经营者，在污染物排放符合法定要求的基础上，进一步减少污染物排放的，人民政府应当依法采取财政、税收、价格、政府采购等方面的政策和措施予以鼓励和支持。

第二十三条 企业事业单位和其他生产经营者，为改善环境，依照有关规定转产、搬迁、关闭的，人民政府应当予以支持。

第二十四条 县级以上人民政府环境保护主管部门及其委托的环境监察机构和其他负有环境保护监督管理职责的部门，有权对排放污染物的企业事业单位和其他生产经营者进行现场检查。被检查者应当如实反映情况，提供必要的资料。实施现场检查的部门、机构及其工作人员应当为被检查者保守商业秘密。

第二十五条 企业事业单位和其他生产经营者违反法律法规规定排放污染物，造成或者可能造成严重污染的，县级以上人民政府环境保护主管部门和其他负有环境保护监督管理职责的部门，可以查封、扣押造成污染物排放的设施、设备。

第二十六条 国家实行环境保护目标责任制和考核评价制度。县级以上人民政府应当将环境保护目标完成情况纳入对本级人民政府负有环境保护监督管理职责的部门及其负责人和下级人民政府及其负责人的考核内容，作为对其考核评价的重要依据。考核结果应当向社会公开。

第二十七条　县级以上人民政府应当每年向本级人民代表大会或者人民代表大会常务委员会报告环境状况和环境保护目标完成情况，对发生的重大环境事件应当及时向本级人民代表大会常务委员会报告，依法接受监督。

第三章　保护和改善环境

第二十八条　地方各级人民政府应当根据环境保护目标和治理任务，采取有效措施，改善环境质量。

未达到国家环境质量标准的重点区域、流域的有关地方人民政府，应当制定限期达标规划，并采取措施按期达标。

第二十九条　国家在重点生态功能区、生态环境敏感区和脆弱区等区域划定生态保护红线，实行严格保护。

各级人民政府对具有代表性的各种类型的自然生态系统区域，珍稀、濒危的野生动植物自然分布区域，重要的水源涵养区域，具有重大科学文化价值的地质构造、著名溶洞和化石分布区、冰川、火山、温泉等自然遗迹，以及人文遗迹、古树名木，应当采取措施予以保护，严禁破坏。

第三十条　开发利用自然资源，应当合理开发，保护生物多样性，保障生态安全，依法制定有关生态保护和恢复治理方案并予以实施。

引进外来物种以及研究、开发和利用生物技术，应当采取措施，防止对生物多样性的破坏。

第三十一条　国家建立、健全生态保护补偿制度。

国家加大对生态保护地区的财政转移支付力度。有关地方人民政府应当落实生态保护补偿资金，确保其用于生态保护补偿。

国家指导受益地区和生态保护地区人民政府通过协商或者按

照市场规则进行生态保护补偿。

第三十二条　国家加强对大气、水、土壤等的保护，建立和完善相应的调查、监测、评估和修复制度。

第三十三条　各级人民政府应当加强对农业环境的保护，促进农业环境保护新技术的使用，加强对农业污染源的监测预警，统筹有关部门采取措施，防治土壤污染和土地沙化、盐渍化、贫瘠化、石漠化、地面沉降以及防治植被破坏、水土流失、水体富营养化、水源枯竭、种源灭绝等生态失调现象，推广植物病虫害的综合防治。

县级、乡级人民政府应当提高农村环境保护公共服务水平，推动农村环境综合整治。

第三十四条　国务院和沿海地方各级人民政府应当加强对海洋环境的保护。向海洋排放污染物、倾倒废弃物，进行海岸工程和海洋工程建设，应当符合法律法规规定和有关标准，防止和减少对海洋环境的污染损害。

第三十五条　城乡建设应当结合当地自然环境的特点，保护植被、水域和自然景观，加强城市园林、绿地和风景名胜区的建设与管理。

第三十六条　国家鼓励和引导公民、法人和其他组织使用有利于保护环境的产品和再生产品，减少废弃物的产生。

国家机关和使用财政资金的其他组织应当优先采购和使用节能、节水、节材等有利于保护环境的产品、设备和设施。

第三十七条　地方各级人民政府应当采取措施，组织对生活废弃物的分类处置、回收利用。

第三十八条　公民应当遵守环境保护法律法规，配合实施环境保护措施，按照规定对生活废弃物进行分类放置，减少日常生活对环境造成的危害。

第三十九条　国家建立、健全环境与健康监测、调查和风险评估制度；鼓励和组织开展环境质量对公众健康影响的研究，采取措施预防和控制与环境污染有关的疾病。

第四章　防治污染和其他公害

第四十条　国家促进清洁生产和资源循环利用。

国务院有关部门和地方各级人民政府应当采取措施,推广清洁能源的生产和使用。

企业应当优先使用清洁能源,采用资源利用率高、污染物排放量少的工艺、设备以及废弃物综合利用技术和污染物无害化处理技术,减少污染物的产生。

第四十一条　建设项目中防治污染的设施,应当与主体工程同时设计、同时施工、同时投产使用。防治污染的设施应当符合经批准的环境影响评价文件的要求,不得擅自拆除或者闲置。

第四十二条　排放污染物的企业事业单位和其他生产经营者,应当采取措施,防治在生产建设或者其他活动中产生的废气、废水、废渣、医疗废物、粉尘、恶臭气体、放射性物质以及噪声、振动、光辐射、电磁辐射等对环境的污染和危害。

排放污染物的企业事业单位,应当建立环境保护责任制度,明确单位负责人和相关人员的责任。

重点排污单位应当按照国家有关规定和监测规范安装使用监测设备,保证监测设备正常运行,保存原始监测记录。

严禁通过暗管、渗井、渗坑、灌注或者篡改、伪造监测数据,或者不正常运行防治污染设施等逃避监管的方式违法排放污染物。

第四十三条　排放污染物的企业事业单位和其他生产经营者,应当按照国家有关规定缴纳排污费。排污费应当全部专项用于环境污染防治,任何单位和个人不得截留、挤占或者挪作他用。

依照法律规定征收环境保护税的,不再征收排污费。

第四十四条　国家实行重点污染物排放总量控制制度。重点污染物排放总量控制指标由国务院下达,省、自治区、直辖市人民政府分解落实。企业事业单位在执行国家和地方污染物排放标准的同时,应当遵守分解落实到本单位的重点污染物排放总量控制指标。

对超过国家重点污染物排放总量控制指标或者未完成国家确定的环境质量目标的地区，省级以上人民政府环境保护主管部门应当暂停审批其新增重点污染物排放总量的建设项目环境影响评价文件。

第四十五条　国家依照法律规定实行排污许可管理制度。

实行排污许可管理的企业事业单位和其他生产经营者应当按照排污许可证的要求排放污染物；未取得排污许可证的，不得排放污染物。

第四十六条　国家对严重污染环境的工艺、设备和产品实行淘汰制度。任何单位和个人不得生产、销售或者转移、使用严重污染环境的工艺、设备和产品。

禁止引进不符合我国环境保护规定的技术、设备、材料和产品。

第四十七条　各级人民政府及其有关部门和企业事业单位，应当依照《中华人民共和国突发事件应对法》的规定，做好突发环境事件的风险控制、应急准备、应急处置和事后恢复等工作。

县级以上人民政府应当建立环境污染公共监测预警机制，组织制定预警方案；环境受到污染，可能影响公众健康和环境安全时，依法及时公布预警信息，启动应急措施。

企业事业单位应当按照国家有关规定制定突发环境事件应急预案，报环境保护主管部门和有关部门备案。在发生或者可能发生突发环境事件时，企业事业单位应当立即采取措施处理，及时通报可能受到危害的单位和居民，并向环境保护主管部门和有关部门报告。

突发环境事件应急处置工作结束后，有关人民政府应当立即组织评估事件造成的环境影响和损失，并及时将评估结果向社会公布。

第四十八条　生产、储存、运输、销售、使用、处置化学物品和含有放射性物质的物品，应当遵守国家有关规定，防止污染环境。

第四十九条　各级人民政府及其农业等有关部门和机构应当指导农业生产经营者科学种植和养殖,科学合理施用农药、化肥等农业投入品,科学处置农用薄膜、农作物秸秆等农业废弃物,防止农业污染。

禁止将不符合农用标准和环境保护标准的固体废物、废水施入农田。施用农药、化肥等农业投入品及进行灌溉,应当采取措施,防止重金属和其他有毒有害物质污染环境。

畜禽养殖场、养殖小区、定点屠宰企业等的选址、建设和管理应当符合有关法律法规规定。从事畜禽养殖和屠宰的单位和个人应当采取措施,对畜禽粪便、尸体和污水等废弃物进行科学处置,防止污染环境。

县级人民政府负责组织农村生活废弃物的处置工作。

第五十条　各级人民政府应当在财政预算中安排资金,支持农村饮用水水源地保护、生活污水和其他废弃物处理、畜禽养殖和屠宰污染防治、土壤污染防治和农村工矿污染治理等环境保护工作。

第五十一条　各级人民政府应当统筹城乡建设污水处理设施及配套管网,固体废物的收集、运输和处置等环境卫生设施,危险废物集中处置设施、场所以及其他环境保护公共设施,并保障其正常运行。

第五十二条　国家鼓励投保环境污染责任保险。

第五章　信息公开和公众参与

第五十三条　公民、法人和其他组织依法享有获取环境信息、参与和监督环境保护的权利。

各级人民政府环境保护主管部门和其他负有环境保护监督管理职责的部门,应当依法公开环境信息、完善公众参与程序,为公民、法人和其他组织参与和监督环境保护提供便利。

第五十四条　国务院环境保护主管部门统一发布国家环境质

量、重点污染源监测信息及其他重大环境信息。省级以上人民政府环境保护主管部门定期发布环境状况公报。

县级以上人民政府环境保护主管部门和其他负有环境保护监督管理职责的部门,应当依法公开环境质量、环境监测、突发环境事件以及环境行政许可、行政处罚、排污费的征收和使用情况等信息。

县级以上地方人民政府环境保护主管部门和其他负有环境保护监督管理职责的部门,应当将企业事业单位和其他生产经营者的环境违法信息记入社会诚信档案,及时向社会公布违法者名单。

第五十五条 重点排污单位应当如实向社会公开其主要污染物的名称、排放方式、排放浓度和总量、超标排放情况,以及防治污染设施的建设和运行情况,接受社会监督。

第五十六条 对依法应当编制环境影响报告书的建设项目,建设单位应当在编制时向可能受影响的公众说明情况,充分征求意见。

负责审批建设项目环境影响评价文件的部门在收到建设项目环境影响报告书后,除涉及国家秘密和商业秘密的事项外,应当全文公开;发现建设项目未充分征求公众意见的,应当责成建设单位征求公众意见。

第五十七条 公民、法人和其他组织发现任何单位和个人有污染环境和破坏生态行为的,有权向环境保护主管部门或者其他负有环境保护监督管理职责的部门举报。

公民、法人和其他组织发现地方各级人民政府、县级以上人民政府环境保护主管部门和其他负有环境保护监督管理职责的部门不依法履行职责的,有权向其上级机关或者监察机关举报。

接受举报的机关应当对举报人的相关信息予以保密,保护举报人的合法权益。

第五十八条 对污染环境、破坏生态,损害社会公共利益的行为,符合下列条件的社会组织可以向人民法院提起诉讼:

(一)依法在设区的市级以上人民政府民政部门登记；

(二)专门从事环境保护公益活动连续五年以上且无违法记录。

符合前款规定的社会组织向人民法院提起诉讼，人民法院应当依法受理。

提起诉讼的社会组织不得通过诉讼牟取经济利益。

第六章　法律责任

第五十九条　企业事业单位和其他生产经营者违法排放污染物，受到罚款处罚，被责令改正，拒不改正的，依法作出处罚决定的行政机关可以自责令改正之日的次日起，按照原处罚数额按日连续处罚。

前款规定的罚款处罚，依照有关法律法规按照防治污染设施的运行成本、违法行为造成的直接损失或者违法所得等因素确定的规定执行。

地方性法规可以根据环境保护的实际需要，增加第一款规定的按日连续处罚的违法行为的种类。

第六十条　企业事业单位和其他生产经营者超过污染物排放标准或者超过重点污染物排放总量控制指标排放污染物的，县级以上人民政府环境保护主管部门可以责令其采取限制生产、停产整治等措施；情节严重的，报经有批准权的人民政府批准，责令停业、关闭。

第六十一条　建设单位未依法提交建设项目环境影响评价文件或者环境影响评价文件未经批准，擅自开工建设的，由负有环境保护监督管理职责的部门责令停止建设，处以罚款，并可以责令恢复原状。

第六十二条　违反本法规定，重点排污单位不公开或者不如实公开环境信息的，由县级以上地方人民政府环境保护主管部门责令公开，处以罚款，并予以公告。

第六十三条　企业事业单位和其他生产经营者有下列行为之一，尚不构成犯罪的，除依照有关法律法规规定予以处罚外，由县级以上人民政府环境保护主管部门或者其他有关部门将案件移送公安机关，对其直接负责的主管人员和其他直接责任人员，处十日以上十五日以下拘留；情节较轻的，处五日以上十日以下拘留：

（一）建设项目未依法进行环境影响评价，被责令停止建设，拒不执行的；

（二）违反法律规定，未取得排污许可证排放污染物，被责令停止排污，拒不执行的；

（三）通过暗管、渗井、渗坑、灌注或者篡改、伪造监测数据，或者不正常运行防治污染设施等逃避监管的方式违法排放污染物的；

（四）生产、使用国家明令禁止生产、使用的农药，被责令改正，拒不改正的。

第六十四条　因污染环境和破坏生态造成损害的，应当依照《中华人民共和国侵权责任法》的有关规定承担侵权责任。

第六十五条　环境影响评价机构、环境监测机构以及从事环境监测设备和防治污染设施维护、运营的机构，在有关环境服务活动中弄虚作假，对造成的环境污染和生态破坏负有责任的，除依照有关法律法规规定予以处罚外，还应当与造成环境污染和生态破坏的其他责任者承担连带责任。

第六十六条　提起环境损害赔偿诉讼的时效期间为三年，从当事人知道或者应当知道其受到损害时起计算。

第六十七条　上级人民政府及其环境保护主管部门应当加强对下级人民政府及其有关部门环境保护工作的监督。发现有关工作人员有违法行为，依法应当给予处分的，应当向其任免机关或者监察机关提出处分建议。

依法应当给予行政处罚，而有关环境保护主管部门不给予行政处罚的，上级人民政府环境保护主管部门可以直接作出行政处罚的决定。

第六十八条　地方各级人民政府、县级以上人民政府环境保护主管部门和其他负有环境保护监督管理职责的部门有下列行为之一的，对直接负责的主管人员和其他直接责任人员给予记过、记大过或者降级处分；造成严重后果的，给予撤职或者开除处分，其主要负责人应当引咎辞职：

（一）不符合行政许可条件准予行政许可的；

（二）对环境违法行为进行包庇的；

（三）依法应当作出责令停业、关闭的决定而未作出的；

（四）对超标排放污染物、采用逃避监管的方式排放污染物、造成环境事故以及不落实生态保护措施造成生态破坏等行为，发现或者接到举报未及时查处的；

（五）违反本法规定，查封、扣押企业事业单位和其他生产经营者的设施、设备的；

（六）篡改、伪造或者指使篡改、伪造监测数据的；

（七）应当依法公开环境信息而未公开的；

（八）将征收的排污费截留、挤占或者挪作他用的；

（九）法律法规规定的其他违法行为。

第六十九条　违反本法规定，构成犯罪的，依法追究刑事责任。

第七章　附则

第七十条　本法自 2015 年 1 月 1 日起施行。

中华人民共和国可再生能源法

第一章 总 则

第一条 为了促进可再生能源的开发利用,增加能源供应,改善能源结构,保障能源安全,保护环境,实现经济社会的可持续发展,制定本法。

第二条 本法所称可再生能源,是指风能、太阳能、水能、生物质能、地热能、海洋能等非化石能源。

水力发电对本法的适用,由国务院能源主管部门规定,报国务院批准。

通过低效率炉灶直接燃烧方式利用秸秆、薪柴、粪便等,不适用本法。

第三条 本法适用于中华人民共和国领域和管辖的其他海域。

第四条 国家将可再生能源的开发利用列为能源发展的优先领域,通过制定可再生能源开发利用总量目标和采取相应措施,推动可再生能源市场的建立和发展。

国家鼓励各种所有制经济主体参与可再生能源的开发利用,依法保护可再生能源开发利用者的合法权益。

第五条 国务院能源主管部门对全国可再生能源的开发利用实施统一管理。国务院有关部门在各自的职责范围内负责有关的可再生能源开发利用管理工作。

县级以上地方人民政府管理能源工作的部门负责本行政区域内可再生能源开发利用的管理工作。县级以上地方人民政府有关部门在各自的职责范围内负责有关的可再生能源开发利用管理工作。

第二章　资源调查与发展规划

第六条　国务院能源主管部门负责组织和协调全国可再生能源资源的调查，并会同国务院有关部门组织制定资源调查的技术规范。

国务院有关部门在各自的职责范围内负责相关可再生能源资源的调查，调查结果报国务院能源主管部门汇总。

可再生能源资源的调查结果应当公布；但是，国家规定需要保密的内容除外。

第七条　国务院能源主管部门根据全国能源需求与可再生能源资源实际状况，制定全国可再生能源开发利用中长期总量目标，报国务院批准后执行，并予公布。

国务院能源主管部门根据前款规定的总量目标和省、自治区、直辖市经济发展与可再生能源资源实际状况，会同省、自治区、直辖市人民政府确定各行政区域可再生能源开发利用中长期目标，并予公布。

第八条　国务院能源主管部门会同国务院有关部门，根据全国可再生能源开发利用中长期总量目标和可再生能源技术发展状况，编制全国可再生能源开发利用规划，报国务院批准后实施。

国务院有关部门应当制定有利于促进全国可再生能源开发利用中长期总量目标实现的相关规划。

省、自治区、直辖市人民政府管理能源工作的部门会同本级人民政府有关部门，依据全国可再生能源开发利用规划和本行政区域可再生能源开发利用中长期目标，编制本行政区域可再生能源开发利用规划，经本级人民政府批准后，报国务院能源主管部门和国家电力监管机构备案，并组织实施。

经批准的规划应当公布；但是，国家规定需要保密的内容除外。

经批准的规划需要修改的，须经原批准机关批准。

第九条　编制可再生能源开发利用规划，应当遵循因地制宜、统筹兼顾、合理布局、有序发展的原则，对风能、太阳能、水能、生物质能、地热能、海洋能等可再生能源的开发利用作出统筹安排。规划内容应当包括发展目标、主要任务、区域布局、重点项目、实施进度、配套电网建设、服务体系和保障措施等。

组织编制机关应当征求有关单位、专家和公众的意见，进行科学论证。

第三章　产业指导与技术支持

第十条　国务院能源主管部门根据全国可再生能源开发利用规划，制定、公布可再生能源产业发展指导目录。

第十一条　国务院标准化行政主管部门应当制定、公布国家可再生能源电力的并网技术标准和其他需要在全国范围内统一技术要求的有关可再生能源技术和产品的国家标准。

对前款规定的国家标准中未作规定的技术要求，国务院有关部门可以制定相关的行业标准，并报国务院标准化行政主管部门备案。

第十二条　国家将可再生能源开发利用的科学技术研究和产业化发展列为科技发展与高技术产业发展的优先领域，纳入国家科技发展规划和高技术产业发展规划，并安排资金支持可再生能源开发利用的科学技术研究、应用示范和产业化发展，促进可再生能源开发利用的技术进步，降低可再生能源产品的生产成本，提高产品质量。

国务院教育行政部门应当将可再生能源知识和技术纳入普通教育、职业教育课程。

第四章　推广与应用

第十三条　国家鼓励和支持可再生能源并网发电。

建设可再生能源并网发电项目，应当依照法律和国务院的规定取得行政许可或者报送备案。

建设应当取得行政许可的可再生能源并网发电项目,有多人申请同一项目许可的,应当依法通过招标确定被许可人。

第十四条　国家实行可再生能源发电全额保障性收购制度。

国务院能源主管部门会同国家电力监管机构和国务院财政部门,按照全国可再生能源开发利用规划,确定在规划期内应当达到的可再生能源发电量占全部发电量的比重,制定电网企业优先调度和全额收购可再生能源发电的具体办法,并由国务院能源主管部门会同国家电力监管机构在年度中督促落实。

电网企业应当与按照可再生能源开发利用规划建设,依法取得行政许可或者报送备案的可再生能源发电企业签订并网协议,全额收购其电网覆盖范围内符合并网技术标准的可再生能源并网发电项目的上网电量。发电企业有义务配合电网企业保障电网安全。

电网企业应当加强电网建设,扩大可再生能源电力配置范围,发展和应用智能电网、储能等技术,完善电网运行管理,提高吸纳可再生能源电力的能力,为可再生能源发电提供上网服务。

第十五条　国家扶持在电网未覆盖的地区建设可再生能源独立电力系统,为当地生产和生活提供电力服务。

第十六条　国家鼓励清洁、高效地开发利用生物质燃料,鼓励发展能源作物。

利用生物质资源生产的燃气和热力,符合城市燃气管网、热力管网的入网技术标准的,经营燃气管网、热力管网的企业应当接收其入网。

国家鼓励生产和利用生物液体燃料。石油销售企业应当按照国务院能源主管部门或者省级人民政府的规定,将符合国家标准的生物液体燃料纳入其燃料销售体系。

第十七条　国家鼓励单位和个人安装和使用太阳能热水系

统、太阳能供热采暖和制冷系统、太阳能光伏发电系统等太阳能利用系统。

国务院建设行政主管部门会同国务院有关部门制定太阳能利用系统与建筑结合的技术经济政策和技术规范。

房地产开发企业应当根据前款规定的技术规范,在建筑物的设计和施工中,为太阳能利用提供必备条件。

对已建成的建筑物,住户可以在不影响其质量与安全的前提下安装符合技术规范和产品标准的太阳能利用系统;但是,当事人另有约定的除外。

第十八条 国家鼓励和支持农村地区的可再生能源开发利用。

县级以上地方人民政府管理能源工作的部门会同有关部门,根据当地经济社会发展、生态保护和卫生综合治理需要等实际情况,制定农村地区可再生能源发展规划,因地制宜地推广应用沼气等生物质资源转化、户用太阳能、小型风能、小型水能等技术。

县级以上人民政府应当对农村地区的可再生能源利用项目提供财政支持。

第五章 价格管理与费用补偿

第十九条 可再生能源发电项目的上网电价,由国务院价格主管部门根据不同类型可再生能源发电的特点和不同地区的情况,按照有利于促进可再生能源开发利用和经济合理的原则确定,并根据可再生能源开发利用技术的发展适时调整。上网电价应当公布。

依照本法第十三条第三款规定实行招标的可再生能源发电项目的上网电价,按照中标确定的价格执行;但是,不得高于依照前款规定确定的同类可再生能源发电项目的上网电价水平。

第二十条 电网企业依照本法第十九条规定确定的上网电价

收购可再生能源电量所发生的费用，高于按照常规能源发电平均上网电价计算所发生费用之间的差额，由在全国范围对销售电量征收可再生能源电价附加补偿。

第二十一条　电网企业为收购可再生能源电量而支付的合理的接网费用以及其他合理的相关费用，可以计入电网企业输电成本，并从销售电价中回收。

第二十二条　国家投资或者补贴建设的公共可再生能源独立电力系统的销售电价，执行同一地区分类销售电价，其合理的运行和管理费用超出销售电价的部分，依照本法第二十条的规定补偿。

第二十三条　进入城市管网的可再生能源热力和燃气的价格，按照有利于促进可再生能源开发利用和经济合理的原则，根据价格管理权限确定。

第六章　经济激励与监督措施

第二十四条　国家财政设立可再生能源发展基金，资金来源包括国家财政年度安排的专项资金和依法征收的可再生能源电价附加收入等。

可再生能源发展基金用于补偿本法第二十条、第二十二条规定的差额费用，并用于支持以下事项：

（一）可再生能源开发利用的科学技术研究、标准制定和示范工程；

（二）农村、牧区的可再生能源利用项目；

（三）偏远地区和海岛可再生能源独立电力系统建设；

（四）可再生能源的资源勘查、评价和相关信息系统建设；

（五）促进可再生能源开发利用设备的本地化生产。

本法第二十一条规定的接网费用以及其他相关费用，电网企业不能通过销售电价回收的，可以申请可再生能源发展基金补助。

可再生能源发展基金征收使用管理的具体办法，由国务院财政部门会同国务院能源、价格主管部门制定。

第二十五条 对列入国家可再生能源产业发展指导目录、符合信贷条件的可再生能源开发利用项目，金融机构可以提供有财政贴息的优惠贷款。

第二十六条 国家对列入可再生能源产业发展指导目录的项目给予税收优惠。具体办法由国务院规定。

第二十七条 电力企业应当真实、完整地记载和保存可再生能源发电的有关资料，并接受电力监管机构的检查和监督。

电力监管机构进行检查时，应当依照规定的程序进行，并为被检查单位保守商业秘密和其他秘密。

第七章 法律责任

第二十八条 国务院能源主管部门和县级以上地方人民政府管理能源工作的部门和其他有关部门在可再生能源开发利用监督管理工作中，违反本法规定，有下列行为之一的，由本级人民政府或者上级人民政府有关部门责令改正，对负有责，任的主管人员和其他直接责任人员依法给予行政处分；构成犯罪的，依法追究刑事责任：

(一)不依法作出行政许可决定的；

(二)发现违法行为不予查处的；

(三)有不依法，履行监督管理职责的其他行为的。

第二十九条 违反本法第十四条规定，电网企业未按照规定完成收购可再生能源电量，造成可再生能源发电企业经济损失的，应当承担赔偿责任，并由国家电力监管机构责令限期改正；拒不改正的，处以可再生能源发电企业经济损失额一倍以下的罚款。

第三十条 违反本法第十六条第二款规定，经营燃气管网、热力管网，的企业不准许符合入网技术标准的燃气、热力入网，造成燃气、热力生产企业经济损失的，应当承担赔偿责任，并由省级人民政府管理能源工作的部门责令限期改正;拒不改正的,处以燃气、热力生产企业经济损失额一倍以下的罚款。

第三十一条　违反本法第十六条第三款规定,石油销售企业未按照规定将符合国家标准的生物液体燃料纳入其燃料销售体系,造成生物液体燃料生产企业经济损失的,应当承担赔偿责任,并由国务院能源主管部门或者省级人民政府管理能源工作的部门责令限期改正;拒不改正的,处以生物液体燃料生产企业经济损失额一倍以下的罚款。

第八章　附　则

第三十二条　本法中下列用语的含义:

(一)生物质能,是指利用自然界的植物、粪便以及城乡有机废物转化成的能源。

(二)可再生能源独立电力系统,是指不与电网连接的单独运行的可再生能源电力系统。

(三)能源作物,是指经专门种植,用以提供能源原料的草本和木本植物。

(四)生物液体燃料,是指利用生物质资源生产的甲醇、乙醇和生物柴油等液体燃料。

第三十三条　本法自2006年1月1日起施行。

全国农村沼气服务体系建设方案(试行)

为巩固农村沼气建设成果,确保又好又快发展,根据《农村沼气国债项目管理办法(试行)》和《全国农村沼气工程建设规划(2006—2010年)》,提出农村沼气服务体系建设方案。

一、加强农村沼气服务体系建设的必要性

加强农村沼气服务体系建设,是确保沼气池正常使用并充分发挥效益的重要基础,事关沼气事业持续健康发展大局和广大建池农户的切身利益,是当前农村沼气发展中的一项重要工作。

农村沼气经过了“两落三起”的发展历程。20世纪60年代末到70年代初,我国出现了发展沼气的热潮,建设了600多万户,但很短时间后多数沼气池就报废了。20世纪70年代末期,部分省市又掀起了发展沼气热潮,短短几年时间累计建设700多万户,但多数未能持久运行。“两落”造成严重的负面影响,1983年底全国沼气保有量仅为400万户。“两落”的主要原因之一是技术服务跟不上,农民欠缺建池施工和日常管理技术,不能及时有效解决使用过程中产生的问题,大量病池报废,综合效益难以发挥,资金浪费严重。这些历史教训说明,在沼气快速发展的阶段,必须高度重视服务体系建设,增强责任感、紧迫感和使命感。

党中央、国务院高度重视农村沼气建设,各地也积极加大支持力度,2006年年底全国农村户用沼气池保有量达到2 200多万户,受益人口约7 500万。当前农村沼气服务方面存在的主要问题是:故障维修不及时,配件供应跟不上,脱硫装置较少进行再生和更换,进出料装备缺乏,大多数沼气农户不掌握综合利用技术等。例如,有的农户灯罩或纱罩坏了,要走上几十里山路,才可能购买

到;有的农户沼气池运行了多年,竟没有进行过一次大换料,影响了正常产气;有的农户不掌握操作规程,换料时不关闭阀门,导致净化器被烧坏;有的农户缺乏安全知识,擅自开盖维修,个别地区导致了人员伤亡;沼渣、沼液等优质肥料不合理使用,作用没有充分发挥,效益打了折扣。广大沼气农户急切盼望得到优质、规范、高效、安全的服务。

各地要充分认识加强沼气服务体系建设的重要性和紧迫性认识,采取有效措施,加大工作力度,切实做实做好。要认真总结服务体系建设的好典型、好经验,加强政府引导,发挥市场机制作用,鼓励发展股份制沼气服务公司和民营沼气服务队伍,形成各类社会主体参与的沼气服务体系。要通过加强服务促进沼气综合利用,推进沼气健康发展,提高沼气建设效益,解决沼气农户的后顾之忧。

二、指导思想、原则与目标

(一)指导思想

围绕推进社会主义新农村建设,以改善农村生产生活条件、促进农民增收、方便农民群众为出发点,将沼气服务体系建设与沼气发展协调推进。坚持“政府引导、多元参与、方式多样”和“服务专业化、管理物业化”的原则,逐步建立以省级技术实训基地为依托、县乡服务站为支撑、乡村服务网点为基础、农民服务人员为骨干的沼气服务体系,为沼气农户提供优质、规范、高效、安全的服务,巩固沼气建设成果。

(二)建设原则

(1)政府引导,自愿建设。政府要给予政策和资金扶持,引导和带动各类社会主体积极参与沼气服务体系建设。要切实发挥各类服务组织的主体作用,不强迫命令,不包办代替。

(2)创新机制,多元发展。要分类指导,积极创新有关部门协同配合的工作机制、服务体系的多元化投入机制、服务网点的可持续运行机制、以沼气管护为基础的乡村服务物业化机制等,增强持续发展能力。要因地制宜,不强求一律,鼓励发展协会领办、个体承包、股份合作等多种服务模式。

(3)统筹规划,合理布局。要把服务体系与沼气建设同步规划、配套实施,建立功能完善、服务高效的服务体系。要根据沼气推广范围,合理布局服务网点,既要保证农民能够得到快捷有效的服务,又要保证服务网点的效益和发展。

(4)循序渐进,务求实效。要充分考虑沼气农户需求、沼气发展潜力、技术力量配备等因素,有计划、分步骤开展农村沼气服务体系建设,避免一哄而上;要实事求是确定服务网点建设的标准,讲求实效,不贪大求洋,确保沼气农户受益。

(三)建设目标

“十一五”期间,全国适宜地区县级沼气技术服务覆盖率要力争达到100%,乡村沼气技术服务的覆盖率要力争达到70%以上,形成上下贯通、左右相连、专群结合、功能齐全、运转高效、服务优质的农村沼气服务体系。沼气池建设、配件更换、进出料、技术指导等管理服务及时有效,初步实现物业化。通过强化服务,使沼气池平均使用寿命达到15年以上,80%以上的沼渣沼液综合利用。

(四)体系功能

省级实训基地重点是引进、试验、推广适用的农村沼气新技术、新产品和适用设备,开展新技术示范、展示、交流,培训沼气管理人员、技术骨干,开展沼气工技能培训及鉴定,示范培训新技术。县级服务站重点是定期对乡村沼气服务人员开展培训,应急事故处理,受沼气灶具和相关装备厂家的委托提供沼气配件和工具供应及维修服务。乡村服务网点重点是为农户提供建池、购料、加料、出料、维护维修、配件、综合利用等方面的服务。省级实训基地和县级服务站主要由各地自筹资金建设,乡村服务网点由国家和地方共同支持建设,国家视情况给予补助。

三、乡村服务网点建设内容、补助标准

(一)建设内容与标准

以项目村为依托建立乡村沼气服务网点。每个网点具备为300~500个沼气农户服务的能力,原则上应具有“六个一”,即一处服务场所、一个原料发酵贮存池、一套进出料设备、一套检测设备、一套维修工具、一批沼气配件,做到服务有人员、有场所、有设备、有配件、有原料。

(1)具有一处固定服务场所,经营沼气配件,存放服务装备,培训人员,接待服务农户。

(2)因地制宜建设一个原料发酵贮存池,安装秸秆粉碎机,收集、发酵和储备原料,既为不养殖农户和临时缺料农户提供发酵原料,又随时处理有机生活垃圾。

(3)配备一套进出料设备,包括进出料车、真空泵、储液罐等,运输沼液沼渣,为农户提供进出料服务。

(4)配备一套检测设备,包括甲烷检测仪、便携式酸碱仪等,科学检测,安全服务。

(5)配备一套维修工具,包括防爆灯、防护服、维修工具等。

(6)购置一批沼气配件,包括灶具、净化器、脱硫剂、管路、三通、接头、开关、纱罩、灯罩等,保证维修更换的需要。根据需要购买发酵菌剂。

除服务场所外,建设一个乡村沼气服务网点约需投资3.1万元,其中秸秆沼气原料处理设备0.7万元,进出料设备1.5万元,检测仪器0.3万元,维修工具0.1万元,沼气配件约0.5万元。

(二)政府支持建设内容及标准

各级政府重点支持购置一套进出料设备(进出料车、真空泵、储液罐)、一套检测设备(甲烷检测仪、便携式酸碱仪)和一套维修工具(防爆灯、防护服、维修工具)。中央视情况按照不同标准予

以适当补助。

中央对每个网点的补助标准为：西部地区1.9万元，用于购置进出料设备、检测设备和维修工具；中部地区1.5万元，用于购置进出料设备；东部地区0.8万元，用于购置部分进出料设备。其余由地方配套或服务网点单位或个人承担。

四、乡村服务网点建设机制

按照“服务专业化、管理物业化”的原则，结合当地实际，因地制宜鼓励协会领办、个体承包、股份合作等多元运行机制。直接面向农户的技术服务人员必须经过培训，取得沼气生产工国家职业资格证书。

（一）协会领办

按照“入会自愿、退会自由”和“民建、民管、民受益”的原则，成立农民沼气服务协会（沼气合作社）。协会应有完善的章程和制度，规定服务内容和收费标准。在农民自愿的前提下，吸纳沼气农户加入协会，每月交纳一定的会费，享受规定的服务。

（二）个人承包

积极支持农民个人承包沼气服务网点，鼓励其与连锁公司或农民沼气服务协会（沼气合作社）等协作，并与沼气农户签订合同，承担购料、加料、出料、维护维修、综合利用等服务。

（三）股份合作

积极鼓励企业或个人成立股份合作制的沼气服务公司，建立连锁的乡村服务网点，按照有偿、自愿的原则，承担建池施工、建后服务、技术指导和运行维护等服务。

五、乡村服务网点建设组织实施

（一）网点选定

各地农村能源主管部门和发展改革部门要加强合作，根据当地实际,结合本方案,制定本地服务网点建设方案。各项目县农村能源管理部门根据本省方案,做好组织实施,择优选择服务组织。原则上,由各类服务组织自愿提出申请,县农村能源管理部门进行审查确认,发文公布。

(二)资金投入

各地要积极支持沼气服务体系建设,安排专项资金,加大投入力度。国家重点扶持条件较好、普及率较高、相对集中的乡村建设服务网点,为服务网点提供进出料设备、检测设备或维修工具。中央投资向中西部地区倾斜。

(三)采购管理

各级政府投资购置的沼气服务网点专用设备和物资由各省农村能源管理部门和发展改革部门组织统一招标、集中采购,其中中央投资购置的设备采购清单要报农业部和国家发展改革委员会备案。县农村能源管理部门要在服务网点的经营服务场所、物业服务人员、发酵原料贮存池、自购的设备和配件等都到位后,将采购的设备拨付给服务网点。各级政府投资购置的乡村服务网点专用设备等固定资产的使用权由省农村能源主管和发展改革部门做出具体规定,并切实做好设备拨付的监管。

(四)监督管理

各地应制定沼气服务网点管理办法和服务规范,加强对服务体系建设的监督、检查和考评,严格奖惩措施。县级农村能源管理部门要定期对技术服务人员进行专业培训,使其熟练掌握沼气设施建设、安装、维护、故障排除等技能及综合利用技术,提高服务水平,保证服务质量。各级农村能源管理部门要建立服务体系信息档案,并纳入农村沼气项目信息系统统一管理。